大西线水网

刘东禹　著

上海文化出版社
中西書局

图书在版编目（CIP）数据

大西线水网 / 刘东禹著. — 上海：上海文化出版社，2015.9
ISBN 978-7-5535-0445-2

Ⅰ. ①大… Ⅱ. ①刘… Ⅲ. ①水资源－研究－中国 Ⅳ. ①TV213.4

中国版本图书馆CIP数据核字(2015)第217221号

大西线水网

刘东禹 著

项目统筹 林 斌
责任编辑 林 斌 毕晓燕
装帧设计 梁业礼

出 版 上海世纪出版集团
上海文化出版社
中西书局（www.zxpress.com.cn）
地 址 上海市绍兴路7号（200020）
发 行 上海世纪出版股份有限公司发行中心
经 销 各地新华书店
印 刷 凯基印刷（上海）有限公司
开 本 787×1092毫米 1/16
印 张 11
版 次 2015年9月第1版 2015年9月第1次印刷
书 号 ISBN 978-7-5535-0445-2/K.057
定 价 160.00元

前　言

人们已经习惯“南水北调”这个说法了，我认为，更恰当的表述应该是“南洪北调”，就是调南方的洪水济北方之旱，南北双方共赢。

本书所要讨论的“南洪北调”，就是调南方的洪水，注入汉江，以确保中线调水的成效，以确保京津地区的用水安全。

本书所主张的“南洪北调”，还包括将南方的洪水调入黄河。

说到“调水”，人们通常想到的是地面调水，之所以没有考虑用隧道调水的方法，是因为觉得隧道调水投入太大。的确，从表面上看，隧道调水其成本投入是地面调水的三倍。但若综合分析，就会发现，事实上隧道调水比地面调水便宜。隧道调水几乎不用移民；隧道调水不占用宝贵的土地资源；隧道调水可以确保水源不会被污染；隧道调水对地面几乎没有影响，不必拆除地面建筑物、地面道路、名胜古迹，等等。细细想想，隧道调水要比地面调水便宜多了。

隧道调水最怕的就是地震。然而，近10年我国所建隧道都可以防6级地震。并且，通过我们的科学家和水利工作者的努力，是可以再进一步提高隧道的防震、抗震能力的。

隧道调水在今天之所以可以大规模地提倡，关键在于我们具备了强大的综合国力。改革开放30多年，我们取得了举世瞩目的成就！中国的隧道掘进技术世界第一，而且速度也是世界第一。全世界挖掘隧道的机械，80%是中国制造。这些，为大规模实施隧道调水提供了保证。

本书规划了九条隧道调水的线路，通过这些隧道将南方河流的洪水调入汉江、调入黄河。其中，引水入黄河，将能改变整个中国的自然与经济版图。

黄河有水，甘肃全省就有水。从规划中大家可以看到，1、2、3、5、7号线通过甘肃省境，通过“第一天池”和甘新运河，全年将有不少于550亿立方米的所调之水流经甘肃。

黄河有水，调入甘新运河，新疆东部每年至少可以分得50亿立方米，当地的经济可望腾飞。

黄河有水，宁夏全区就四面环水，真正可以建成北国江南。

黄河有水，内蒙古中部将得以充分灌溉，四个沙漠将逐渐消失，全区GDP将是全国第一。

黄河有水，陕西、山西、河南、河北、山东、北京、天津都可从中引水。

黄河有水，大半个中国可以从中得益。

隧道调水，开初一条线只能建一条隧道，调水能力可能不够，以后可以根据实际情况,加建第二条隧道。当然不是每条线都要加建。

在编写《大西线水网》过程中，我收集、应用了大量数据，主要包括线路沿途海拔、线路跨度、最大的可调水量、最方便的施工点，等等。对这些数据，有兴趣的读者，可以进行复核、验证，或者通过实地考察，对其中的错误予以纠正。

《大西线水网》文字简约，但各节文字均配有相应的图版，因此要对照所附图版阅读，才能看得明白。

《大西线水网》，写时很快乐，边写边品味我们的大好河山，中国最美丽！中国最伟大！我希望读者也能分享到这份快乐。

构建大西线水网，是我的梦，一个非常美丽的梦。我期盼我的祖国，富强，更富强！

作　者

2015年6月

目录

CONTENTS

图版目录

一、南 水 北 调

远古以来，人们依水而居，生命得以繁衍。

千百年来，人们依水建城，兰州、银川、包头、洛阳、开封、郑州、济南，建造于黄河两岸；重庆、武汉、南京、上海，建造于长江两岸。不论是大城市，还是小城市，哪一座不是依水而建？水，才是城市的命脉！

俯瞰中国大地，南方水多，所以较为富裕，北方水少，所以较为贫穷。工业需要水，农业需要水，哪个行业没水能行？水，才是经济的命脉！

目前，河南、河北、山东、北京、天津，人均拥有水资源300—450立方米，属于极度缺水的省市。而内蒙古、新疆缺水更厉害。随着全球气候变暖，北方缺水的状况还将加剧。

现在，我们已经完成了东线和中线调水，但这还远远不够。我们应加快实施南水北调，以适应我国经济发展的需求，满足人民提高生活水平的需要。

提起“南水北调”，一些人就会担心会因而造成南方缺水。如果我们所调的是南方的洪水，既济北方之旱，又使南方这些河流的下游免遭洪水袭击，达到南北双方共赢的结果，那么，人们的这种担心是不是就可以消除了呢？

在我国，洪水有一大特点：每年发生在夏季6、7、8、9月的四个月，洪水期大约100天，洪水量约占江河年流量的70%。这些洪水一半以上被放入了大海。据测算，每年7、8、9月三个月，长江至少有5 000亿立方米的洪水流入了东海。

如果我们能抓住洪水期这100天，最大限度地调运洪水，每年至少可以得到2 500多亿立方米的洪水。这大约等于黄河四年的水量。

“南水北调”，自然也包括调集流往国外的河流的水，人们因此又担心会引起与邻国的纠纷。我们可以发个声明：我们只在洪水期调水，绝对不在枯水期调水。至于平水期的调水，以后再说，可以慢慢谈，谈好了再调也不迟。洪水猛如虎，每年下游国家都会淹死成百上千的百姓，损失无数的财产，哪个下游国家能治得住、管得了。中国地处上游，一出手就管住了，下游国家哪一个会不因此感激？谁要是出来说个“不”字，相信全世界都会反对。这些水发源于中国，我们缺水却不能用，任其流出国外，去淹死外国百姓，这不是有悖常理吗？我们调的是洪水，使下游国家免受洪水之灾，同时又能济北方之旱，对双方都有好处，是双赢。

有理走遍天下，无理寸步难行。我们要理直气壮地严正声明，我们要调水啦！任凭他人说三道四，我们走我们的光明大道！中国是个大国，从来不做损人利己的事，但他人也不能无理取闹。

二、1 号 线

中线调水，就是调汉江之水，但汉江水量逐年减少，有可能无法持续。这就迫使我们不得不去另辟水源，以增加汉江的水量。

首先开辟1号线。

（一）1号线线路

科扎　　四川省新龙县沙堆乡科扎村
棒达　　四川省炉霍县旦都乡棒达村
炉霍　　四川省炉霍县
大伊里　四川省壤塘县大伊里村
可尔因　四川省金川县可尔因
白湾　　四川省马尔康县白湾乡
沙尔宗　四川省马尔康县沙尔宗
安曲　　四川省红原县安曲乡
瓦切　　四川省红原县瓦切乡
若尔盖　四川省若尔盖县
旺藏　　甘肃省迭部县旺藏乡
武都　　甘肃省陇南市武都区
太石　　甘肃省康县太石乡
略阳　　陕西省略阳县
新铺　　陕西省勉县新铺镇　　【参阅图1】

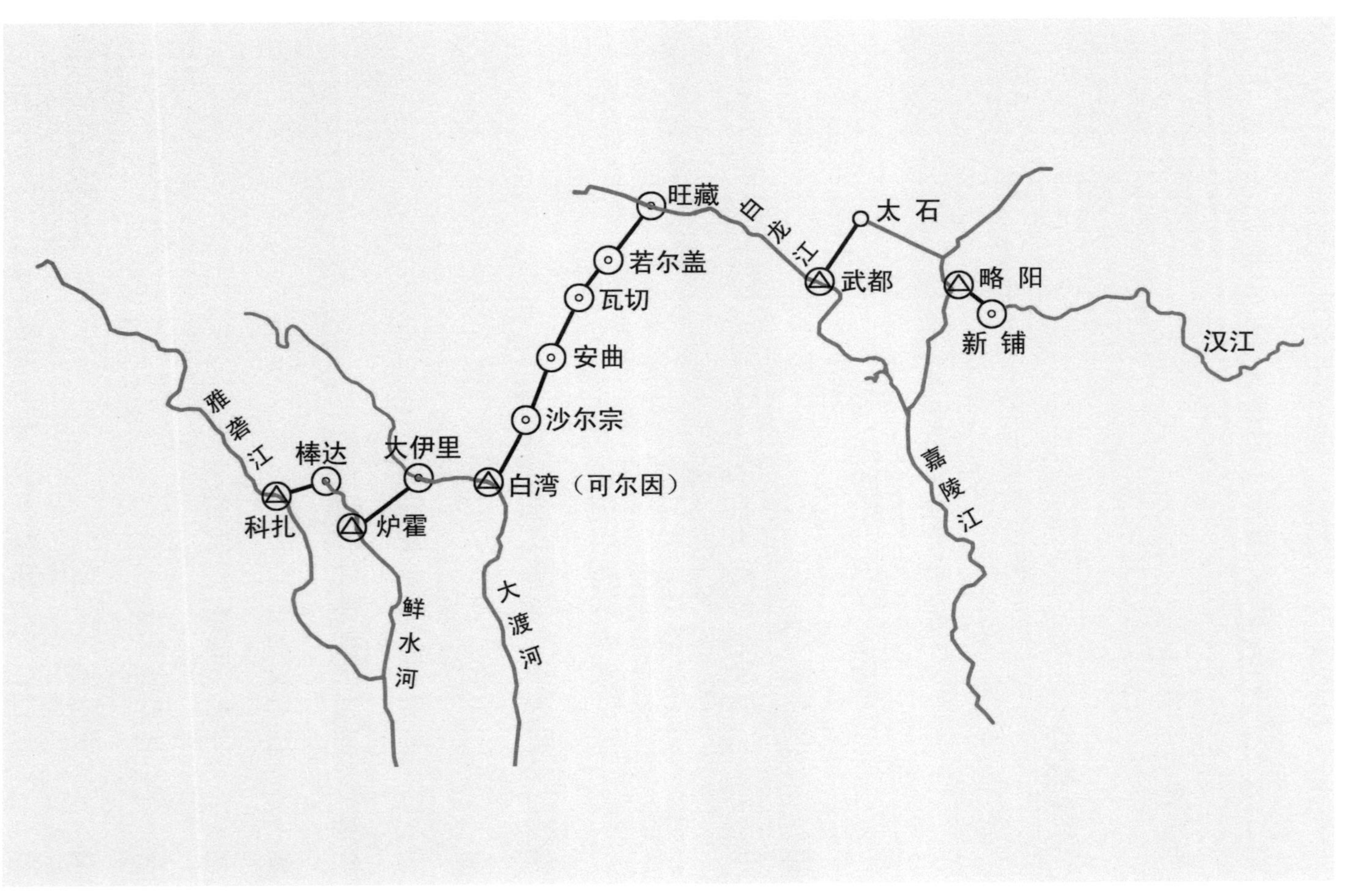
旺藏
白龙江
太石
武都
略阳
新铺
汉江
若尔盖
瓦切
安曲
沙尔宗
嘉陵江
雅砻江
棒达
大伊里
白湾（可尔因）
科扎
炉霍
鲜水河
大渡河

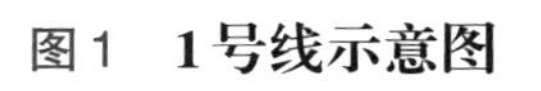
图1　**1号线示意图**

（二）1号线作业点地面海拔

作 业 点	地面海拔（米）	作 业 点	地面海拔（米）
科扎	3 310+10（坝）	瓦切	3 500
棒达	3 270	若尔盖	3 600
炉霍	3 165+5（坝）	旺藏	1 980
大伊里	2 870	武都	1 010+5（坝）
可尔因	2 280+20（坝）	太石	940
白湾	2 300	略阳	690+10（坝）
沙尔宗	2 800	略阳	690–90（下挖90）
安曲	3 600	新铺	600

说明：

a. 略阳地面建造水坝10米高，是为了拦水。

b. 下挖90米，是为了建造新铺调水枢纽中心，便于从新铺通过略阳向宝鸡输水。

c. 略阳—新铺隧道的全程海拔600米。

【参阅图2、图38、图43、图53】

（三）1号线作业点经纬度

科扎	31度27分54秒	北纬
	100度06分41秒	东经
棒达	31度31分43秒	北纬

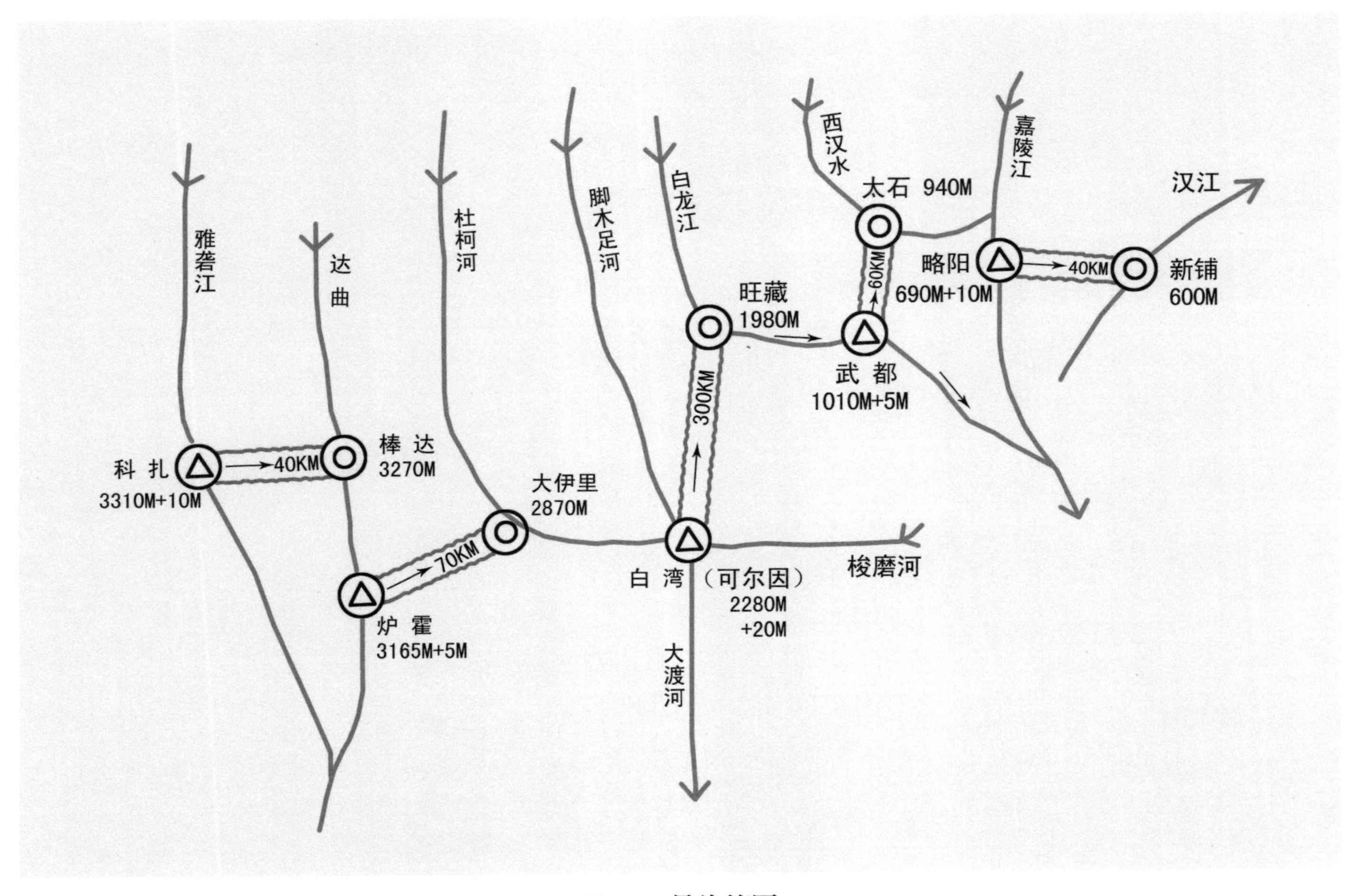
雅砻江
达 曲
杜柯河
脚木足河
白龙江
西汉水
嘉陵江
汉江
太石 940M
60KM
略阳
690M+10M
40KM
新铺
600M
旺藏
1980M
武 都
1010M+5M
300KM
棒 达
3270M
科 扎
3310M+10M
40KM
大伊里
2870M
70KM
炉 霍
3165M+5M
白 湾（可尔因）
2280M
+20M
梭磨河
大渡河

图2　**1号线简图**

	100度29分49秒	东经
炉霍	31度24分05秒	北纬
	100度41分18秒	东经
大伊里	31度48分40秒	北纬
	101度11分28秒	东经
白湾（可尔因）	31度47分58秒	北纬
	101度54分48秒	东经
沙尔宗	32度08分39秒	北纬
	102度11分22秒	东经
安曲	32度38分39秒	北纬
	102度19分47秒	东经
瓦切	33度05分27秒	北纬
	102度36分00秒	东经
若尔盖	33度34分39秒	北纬
	102度57分43秒	东经
旺藏	33度57分05秒	北纬
	103度36分34秒	东经
武都	33度24分33秒	北纬
	104度52分03秒	东经
太石	33度36分43秒	北纬
	105度28分04秒	东经

略阳	33度17分41秒	北纬
	106度08分27秒	东经
新铺	33度05分52秒	北纬
	106度26分41秒	东经

【参阅图3、图10、图14】

（四）1号线隧道距离和水流线路

第一段：科扎—40千米—棒达

炉霍—70千米—大伊里

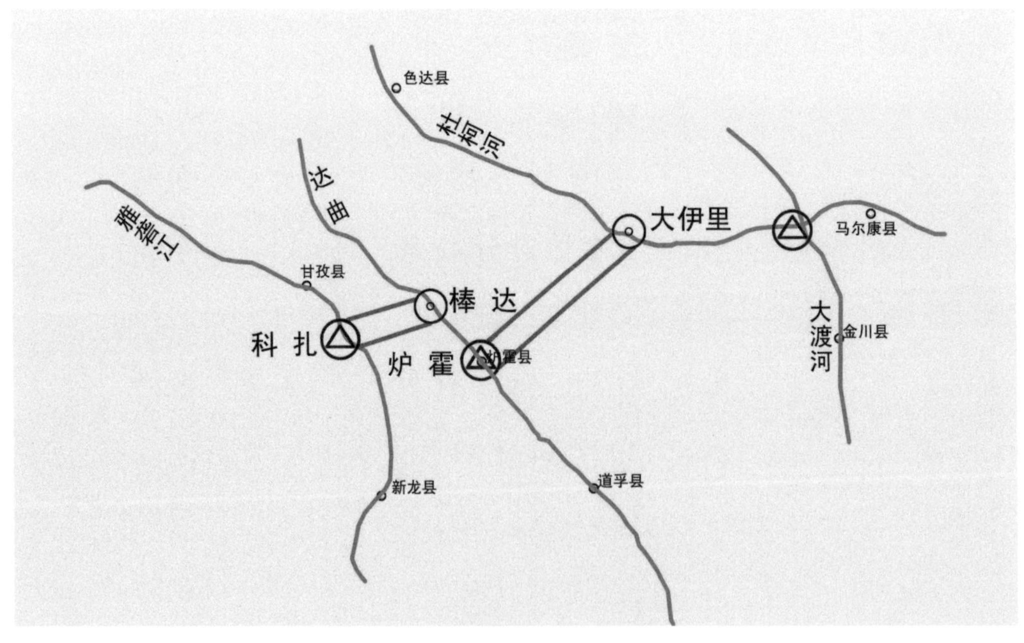

图3　1号线第一段示意图

第一段两条隧道合计110千米。

隧道直径15米。

【参阅图4、图5、图6】

雅砻江之水蓄于科扎水库，海拔3 310—3 320米，通过科扎—棒达隧道，流入达曲的棒达，海拔3 270米，顺流而下至炉霍，海拔3 165米，再通过炉霍—大伊里隧道，顺流而下至杜柯河上的大伊里，海拔2 870米，流入杜柯河，雅砻江上游之水和大渡河上游之水在白湾水库会合，海拔2 280—2 300米。

第二段：可尔因—0千米—白湾

白湾—50千米—沙尔宗

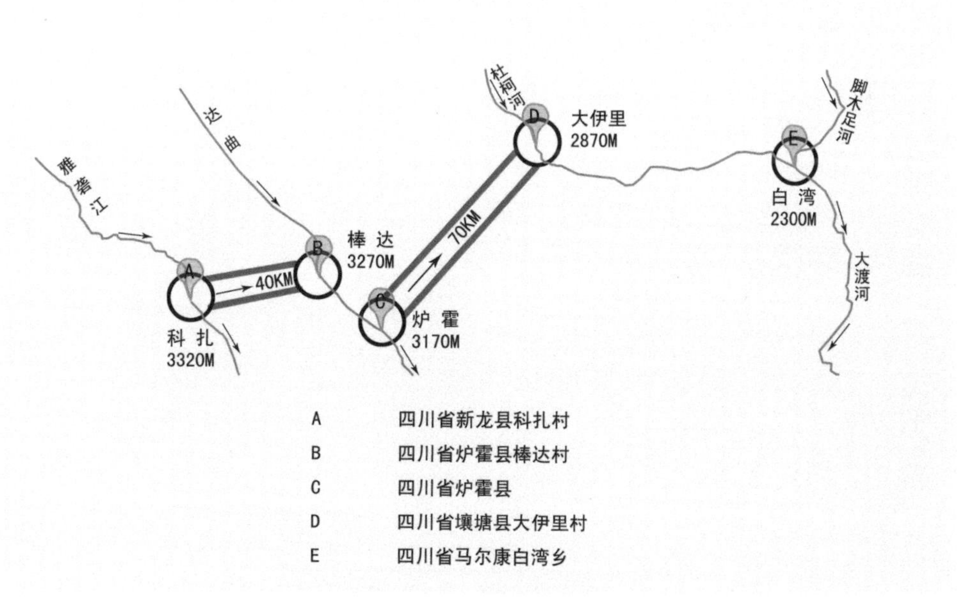

图4　1号线第一段地形图

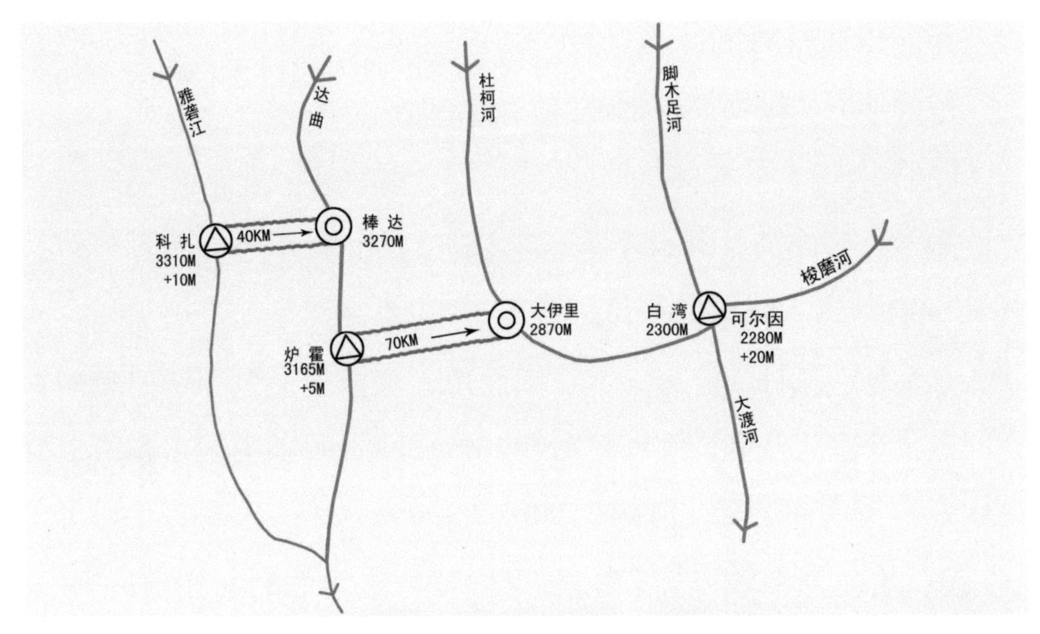

图5　1号线第一段隧道距离、地面海拔图

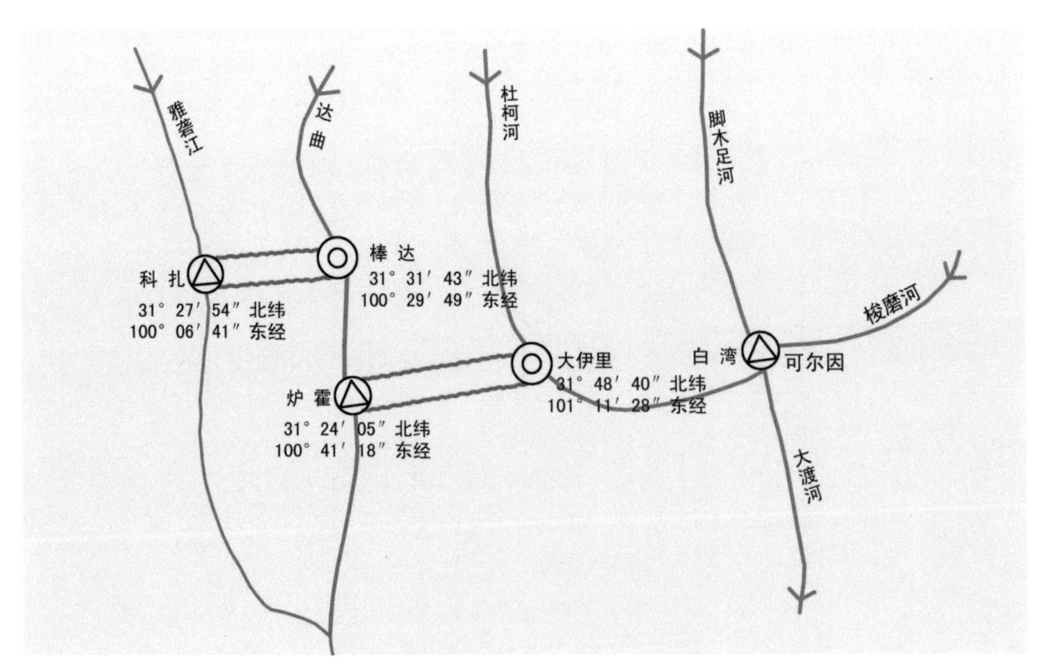

图6　1号线第一段作业点经纬图

沙尔宗—50千米—安曲

安曲—60千米—瓦切

瓦切—60千米—若尔盖

若尔盖—80千米—旺藏

【参阅图7、图8、图9】

第二段隧道全长300千米，隧道直径15米。

雅砻江上游之水和大渡河上游之水在白湾水库汇合后，海拔2 280—2 300米，从可尔因经第二段隧道流入白龙江上的旺藏，海拔1 980米，海拔落差300米。隧道每千米平均下降1米。

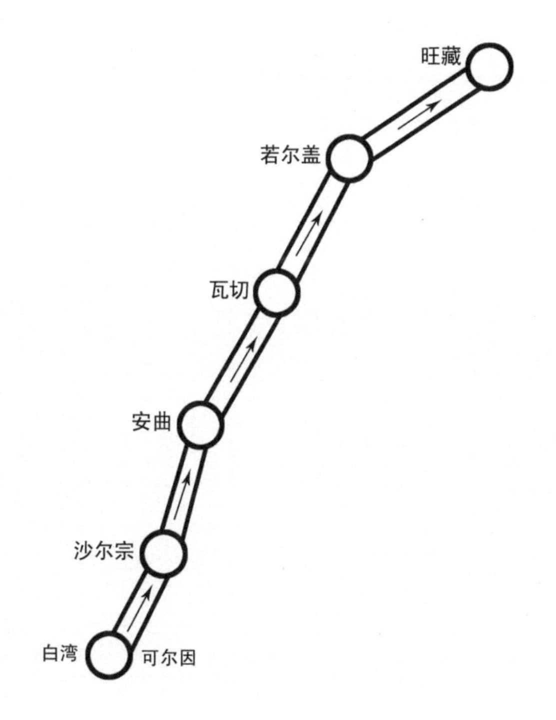

图7　**1号线第二段示意图**

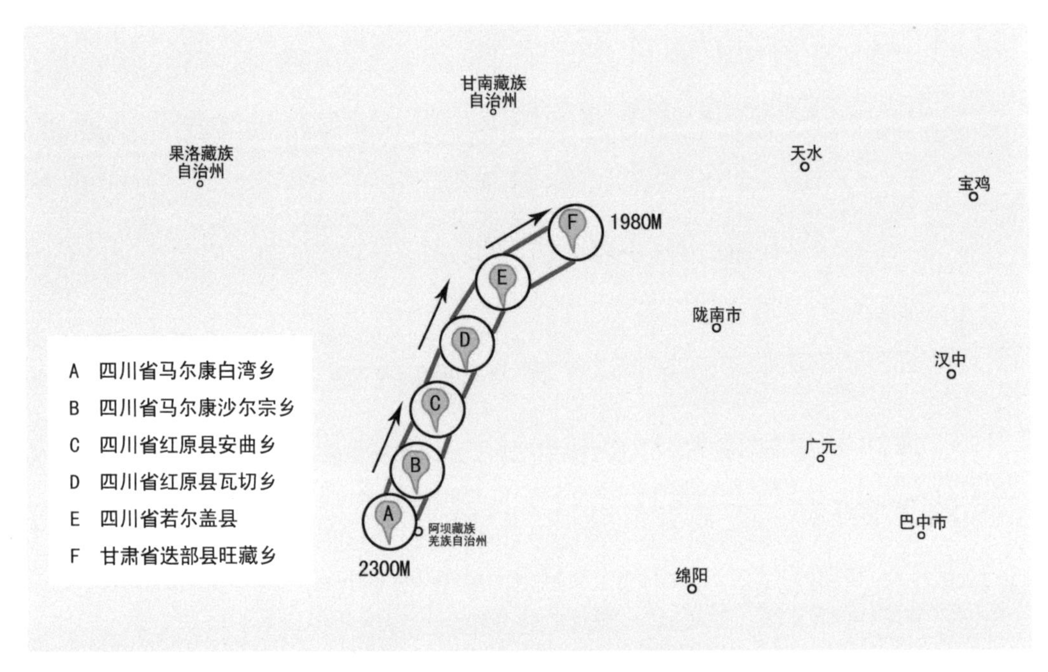

图8　**1号线第二段地形图**

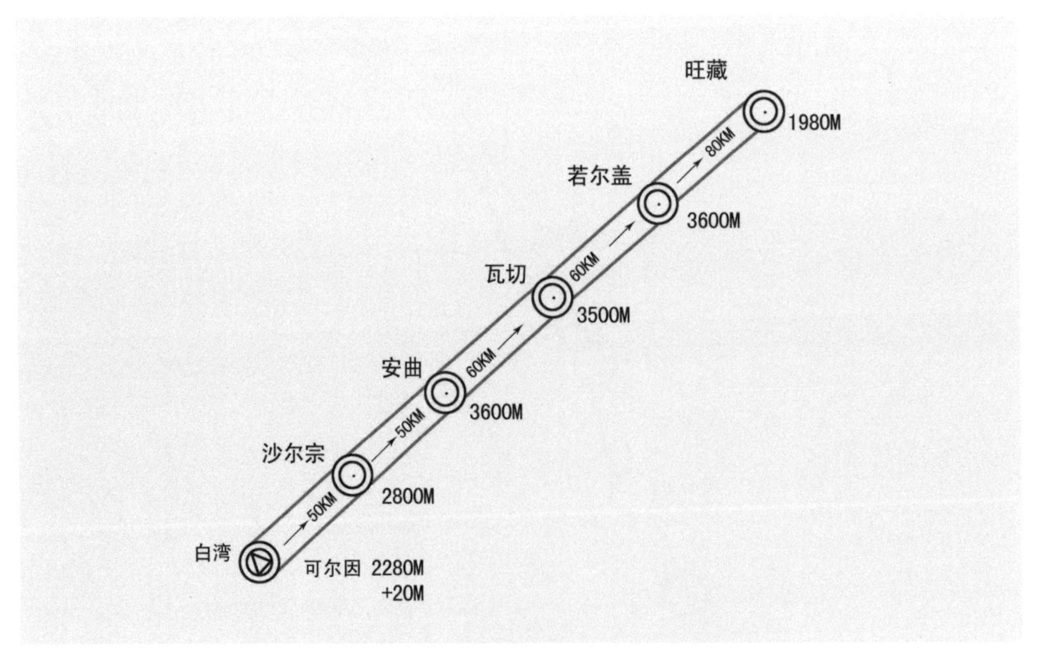

图9　**1号线第二段隧道距离、地面海拔图**

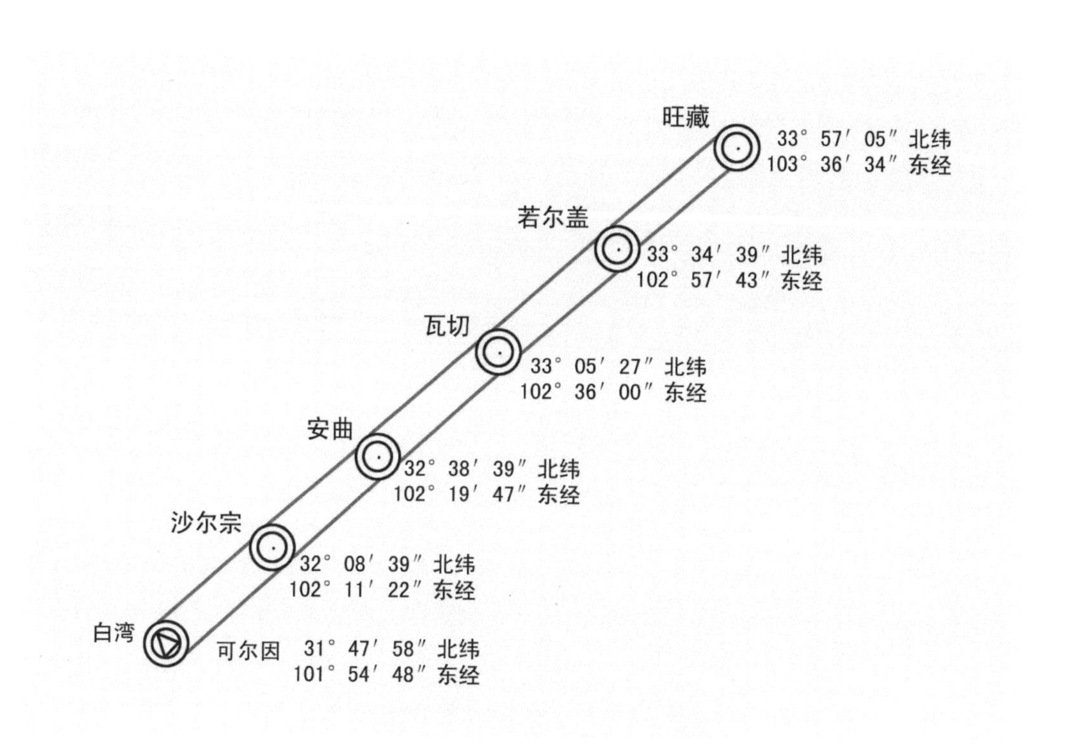

图10　**1号线第二段作业点经纬图**

第三段：武都—60千米—太石

　　　　略阳—40千米—新铺

【参阅图11、图12、图13】

第三段两条隧道合计100千米，隧道直径15米。

雅砻江上游之水、大渡河上游之水和白龙江上游之水，经武都—太石隧道流入西汉水，武都海拔1 015米，太石海拔940米，然后流入嘉陵江上的略阳水库，海拔700米，最后经略阳—新铺隧道，流入汉江，海拔600米。

1号线隧道，第一段长110千米，第二段长300千米，第三段

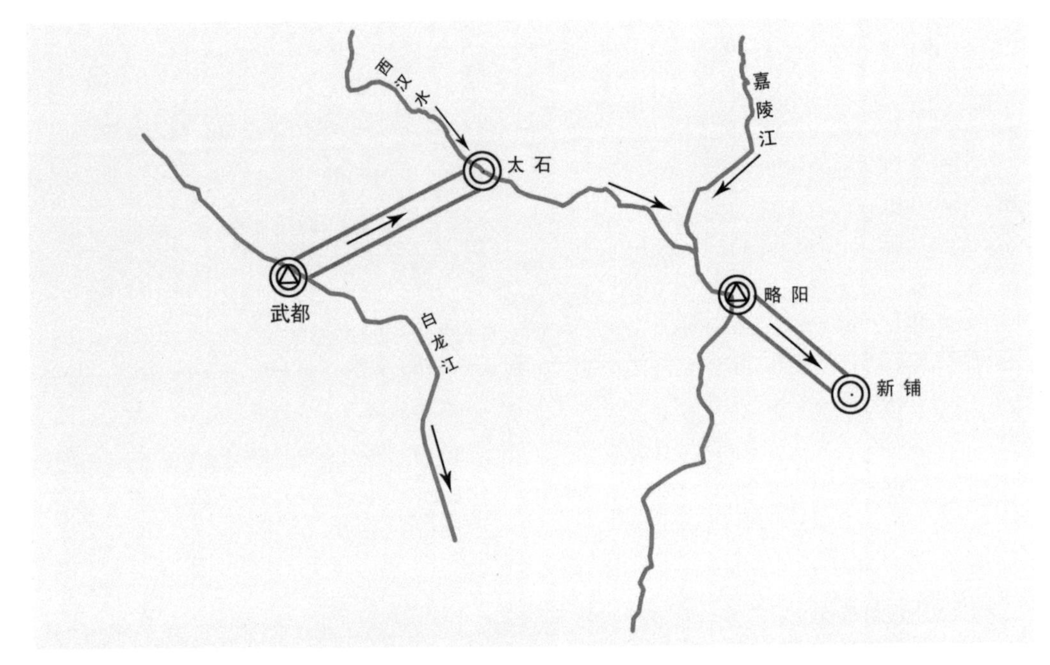

图11　**1号线第三段示意图**

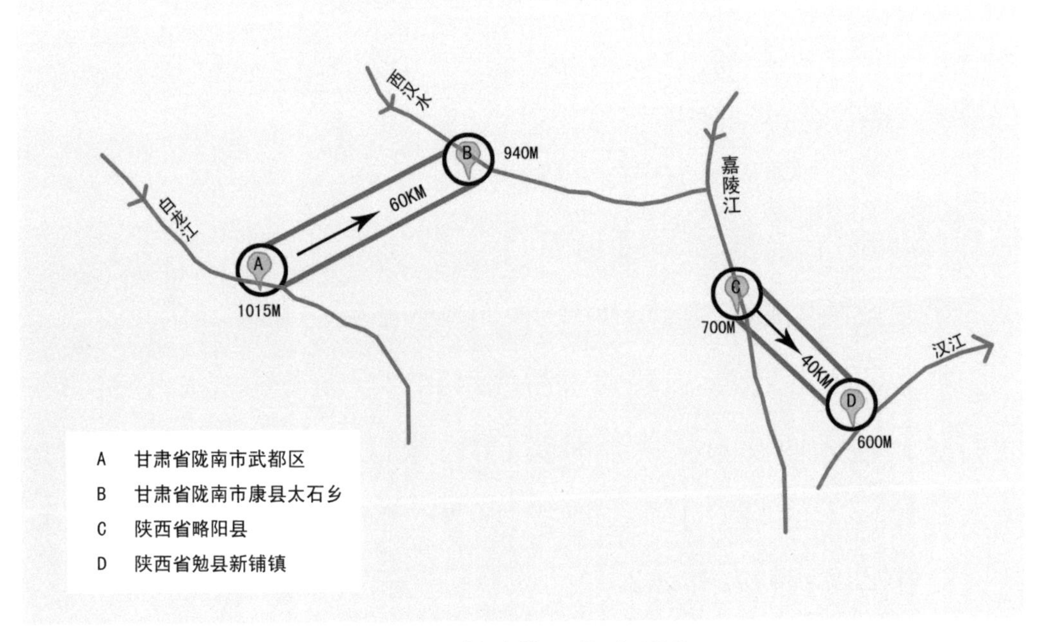

图12　**1号线第三段地形图**

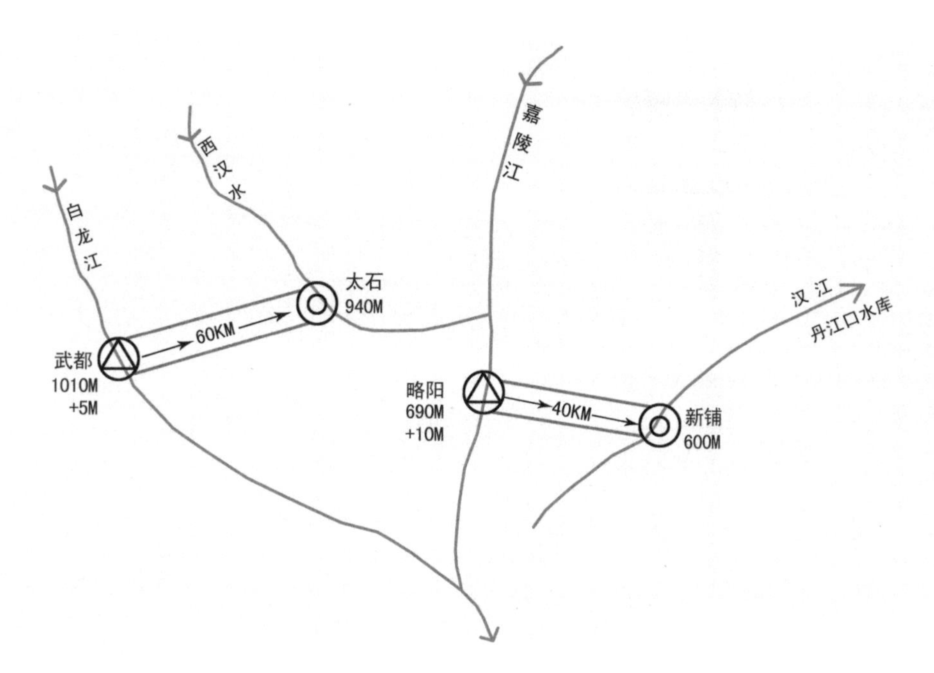

图13　**1号线第三段隧道距离、地面海拔图**

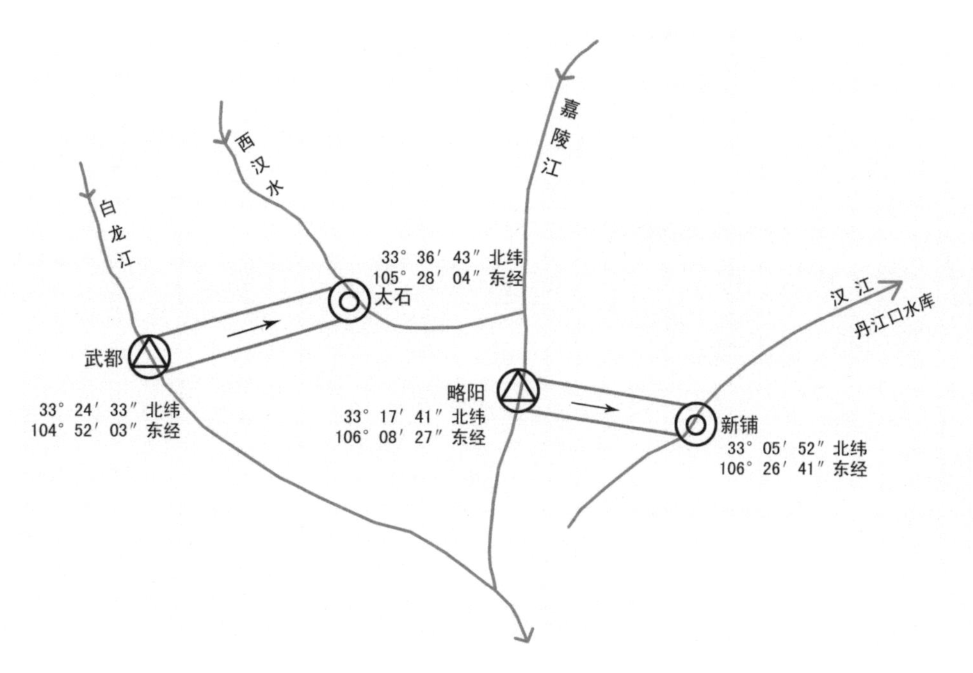

图14　**1号线第三段作业点经纬图**

长100千米，总共合计全长510千米。

（五）1号线的水库

1. 科扎水库。利用科扎—棒达隧道的废弃土石方建造堆石坝水坝。水库离炉霍地震带较近。堆石坝的高度不要超过20米。

2. 炉霍水库。水坝高5米，在炉霍地震带上。

3. 白湾水库。利用隧道废弃土石方建造堆石坝水坝。堆石坝高20米。水库库容10亿立方米。

4. 武都水库。水坝高5米，靠近汶川地震带上。

5. 略阳水库。水坝高10米。

上述共五个水库，库容小，不够使用，来不及调的水只能放掉。水库不能建得太大，谨防地震。有利的一点是隧道流水落差大，调水速度快。

白湾水库采用堆石坝的方法建造，抗地震性能高，费用低。白湾水库离地震带较远。

（六）1号线的可调水量

嘉陵江、大渡河（岷江支流）和雅砻江（金沙江支流）是长江的支流，1号线调的就是这三大支流的洪水。

嘉陵江，年径流量约600亿立方米；

大渡河，年径流量约500亿立方米；

雅砻江，年径流量约600亿立方米。

三大支流的年洪水量约1 100亿立方米，1号线没有能力调这么多的洪水，1号线调的是三大支流的上游洪水，最多每年200亿立方米。

1号线第三段，略阳水库的嘉陵江以上年径流量40亿立方米以上，每年可调洪水不少于28亿立方米。

1号线第三段，武都水库的白龙江以上年径流量，推算为40亿立方米以上，可调洪水量不少于28亿立方米。白龙江是嘉陵江的支流，流入嘉陵江的下游，年径流量120亿立方米，根据白龙江的长度和流域面积，推算出武都水库的白龙江以上年径流量不少于40亿立方米。

1号线的第三段，两个水库合计，可调洪水不少于50亿立方米，调入汉江可解决中线部分缺水，但不能解决中线可能的水危机，必须继续建造1号线的第二段。

1号线第二段，白湾水库以上的大渡河年径流量，推算为100亿立方米，可调洪水不少于60亿立方米。

白湾水库以上的大渡河支流，流域面积8万多平方千米。

1号线第一段，科扎水库以上的雅砻江和炉霍水库以上的雅砻江支流，年合计水量不少于60亿立方米，年可调洪水量不少于40

亿立方米。

1号线可调年水量三段相加，合计不少于150亿立方米。

说明：

a. 1号线从下游向上游建造，从第三段开始，然后造第二段，最后建造第一段。这样见效快，得益早。

b. 洪水期是7、8、9月三个月，需根据实际情况，调水时间可适当提前或延长，总之以不影响河流的下游为原则。可根据雨季到来的时间，提前或延后调水。一般来说，调水时间每年不少于100天。

（七）1号线的造价

1. 隧道全长510米，每千米造价3亿元，合计1 530亿元。

2. 五个水库，其中白湾水库较大，但都是利用废弃土石方堆砌，另外四个都是小水库，建造费用少，合计费用约20亿元。

3. 其他费用30亿元。

上述费用总共合计1 580亿元。

（八）1号线尚待讨论的问题

第一，1号线第一段建造好后，从嘉陵江调入汉江的50亿立方米的洪水，丹江口水库已满而无法流入，但洪水期过后，汉江水量不足，丹江口水库又无水可调，怎么办？

第二，1号线第一段建造好后，从嘉陵江调入汉江的50亿立方米洪水，仍旧不能满足丹江口水库的水量需求，不得不建造1号线的第二段，但建造好后，水量又可能多得用不了，怎么办？

第三，1号线的缺点是无法建造大容量水库，因而建造汉江九级水库，可能是个好办法。

三、汉江九级水库

汉江，位于秦岭和大巴山之间，秦岭南侧的雨水和雪水流入两山的谷地，大巴山北侧的雨水和雪水也流入两山的谷地，雨水和雪水汇集谷底，形成汉江，经过1 500多千米，自西向东，流入长江。

汉江，南有长江，北有黄河，汉江上的丹江口水库已成调水枢纽，汉江之水可南调长江、北调黄河。汉江北调主要是经中线，以济安徽、河南、河北、山东及京津之旱。然而，汉江水量不足，50年前，汉江年径流量600亿立方米，现在只有400亿立方米，有可能还会进一步减少。1号线建成后，可将嘉陵江、大渡河和雅砻江之水调入汉江。

然而，汉江上的唯一的水库——丹江口水库，容量不足，容易造成水灾。解决这一问题的办法是：将汉江逐步建成九级水库，初始由1号线将嘉陵江、大渡河和雅砻江之水调入九级水库，以后改为6、8号线将雅鲁藏布江、怒江、澜沧江、岷江之水调入。

【参阅图15、图16、图17】

汉江九级水库具体规划如下：

一级，勉县新铺—毛家沟，距离25千米，新铺海拔600米，毛家沟海拔590米，毛家沟建水坝高10米。

二级，勉县毛家沟—汉中大沟村，距离50千米，毛家沟水位600米，大沟村海拔500米，大沟村建水坝高20米。

三级，汉中大沟村—洋县汉黄路，距离50千米，大沟村水位520米，汉黄路海拔450米，汉黄路建水坝高20米。

四级，洋县汉黄路—石泉县倒骑龙，距离100千米，汉黄路水位470米，倒骑龙海拔400米，倒骑龙建水坝高40米。

五级，石泉县倒骑龙—紫阳县天星村，距离100千米，倒骑龙水位440米，天星村海拔360米，天星村建水坝高40米。

六级，紫阳县天星村—安康吉田路，距离50千米，天星村水位400米，吉田路海拔300米，建水坝高20米。

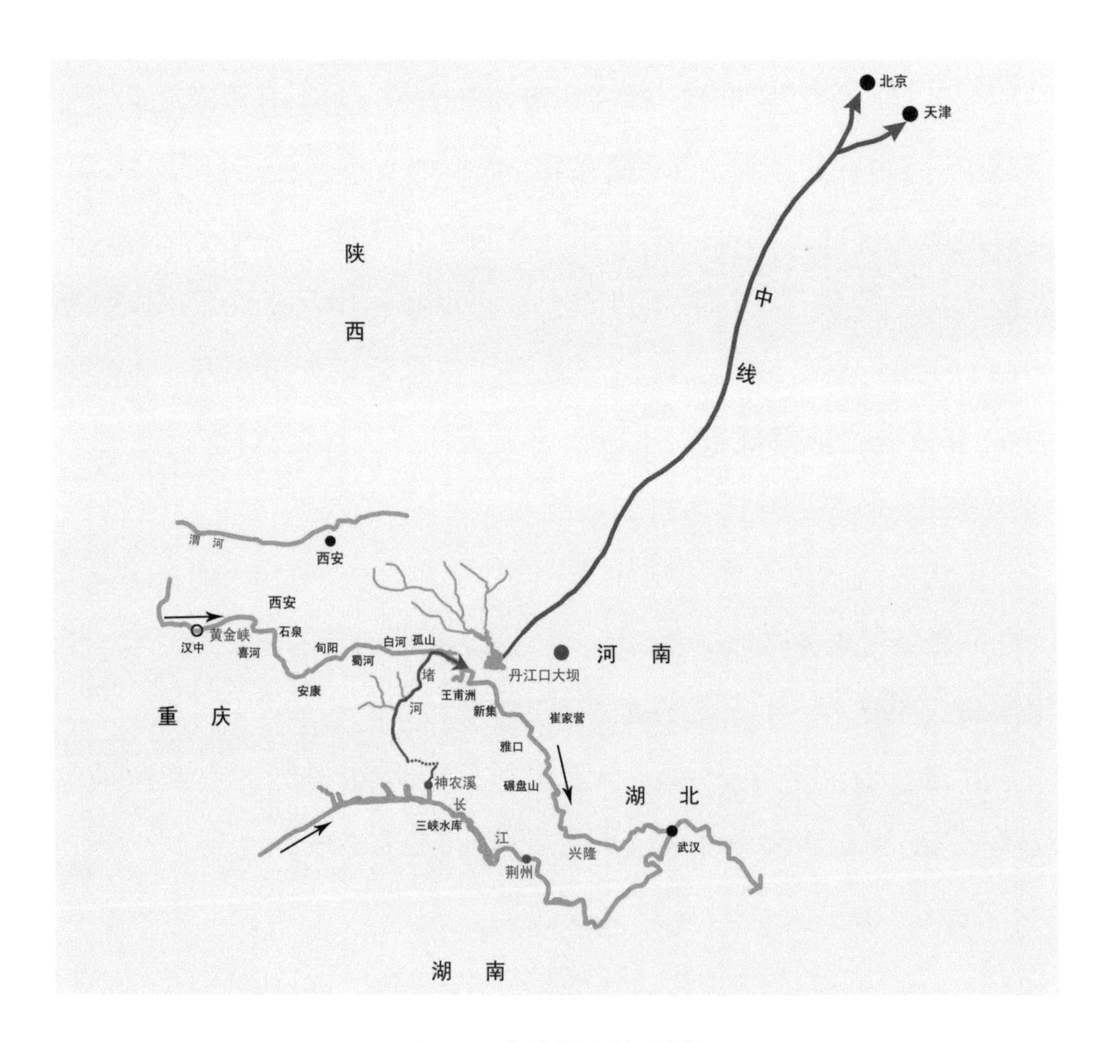

图15　**中线调水线路图**

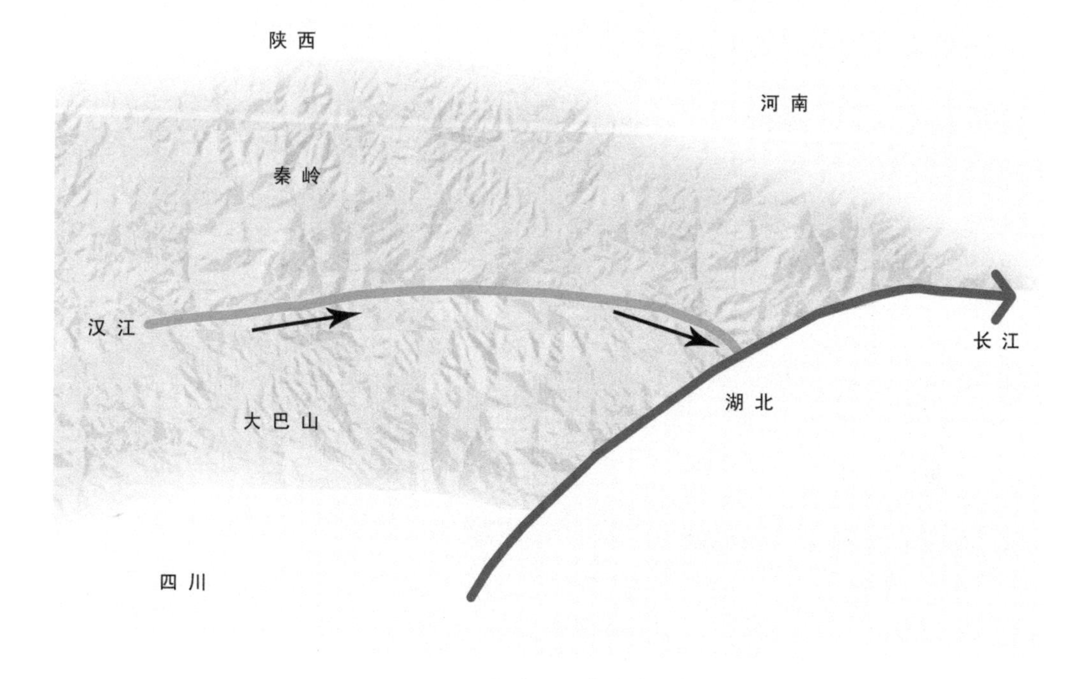

图16　**汉江流域示意图**

七级，安康吉田路—旬阳县罗家滩，距离50千米，吉田路水位320米，罗家滩海拔290米，罗家滩建水坝高20米。

八级，旬阳县罗家滩—蜀河镇，距离50千米，罗家滩水位310米，蜀河镇海拔200米，蜀河镇建水坝高20米。

九级，旬阳县蜀河镇—郧县五峰乡，距离50千米，蜀河镇水位220米，五峰乡海拔180米，五峰乡建水坝高20米，五峰乡水位200米。

九级水库的末端是丹江口水库，水位150—175米。

九级水库的造价总共80亿元。其中，1个高10米的水坝，造

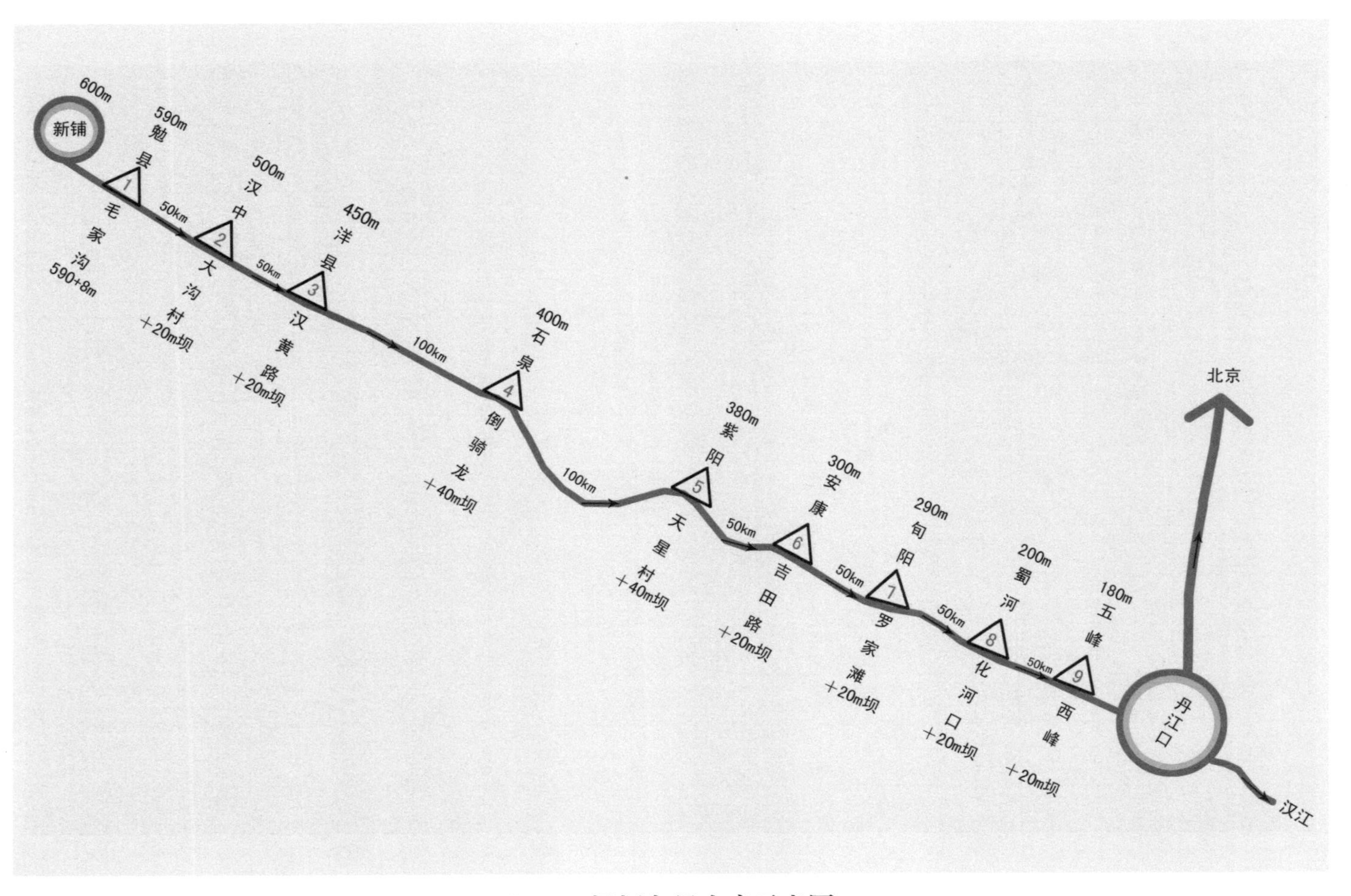

图17　汉江九级水库示意图

价2亿元。6个高20米的水坝，每个造价5亿元，合计造价30亿元。2个高40米的水坝，每个造价20亿元，合计造价40亿元。其他费用8亿元。

说明：

a. 九级水库，要逐步建成，需要多少建多少。

b. 任一级水库，不得满负荷运行，从上到下，逐级减少水量，谨防水灾。

c. 丹江口水库的水位，要恒定在165米，谨防对水库大坝压力太大，造成不良后果。丹江口水库所需水量从九级水库中逐级稳步放入，确保水库有足量的水可用。

d. 九级水库的水坝，要防8级地震。

e. 建造水坝的选址很重要，一是级与级之间的海拔落差不能太大，水流要平稳过渡；二是要在河道的较狭窄处，使其横跨河道的长度较短；三是要尽量避免水位抬高后淹没河道两岸的道路和建筑物。

f. 水坝可建成水电站，费用另计。

g. 九级水库完工后，蓄水量可达150亿立方米，加上丹江口水库，总蓄水量超过300亿立方米，将济旱安徽、河南、河北、山东、京津和湖北的汉江两岸。

四、2 号 线

澜沧江发源于青海省杂多县，全长2 200千米，年径流量765亿立方米，流经青海、西藏、云南，在云南省勐腊县出境，流入湄公河。

湄公河流经老挝、缅甸、泰国、柬埔寨、越南，最后汇入太平洋。湄公河习惯上包括中国的澜沧江，全长4 880千米，年径流量4 633亿立方米，是世界十大河流之一。每年1、2月，是湄公河的枯水期，最小流量每秒1 250立方米。每年5月，湄公河流域开始雨季，水位上升，9、10月水位暴涨，最大流量每秒7.57万立方米。洪水期，柬埔寨的洞萨里湖是湄公河的泄洪区，水面11 000平方千米，洞萨里湖边的几千平方千米的土地被淹没。

每年5月下旬至11月上旬，是湄公河流域的洪水期，大约180天，在这段时间内，从中国澜沧江流入湄公河中下游的洪水，中方如加以调用，对下游国家有利无害。澜沧江年径流量765亿立方米，洪水期的流量占70%以上，不少于530亿立方米，中方可以调出，可以调出的洪水约占湄公河年径流量的11%。

建造2号线，每年主调澜沧江洪水300亿立方米，引入黄河。旱季则从怒江拥巴水库中补调。

【参阅图18、图19、图20】

（一）2号线线路

白达　　西藏洛隆县白达乡　　怒江

昌都	西藏昌都县	澜沧江
卡松渡	四川省德格县卡松渡乡	金沙江
长须贡马	四川省石渠县长须贡马乡	雅砻江
达日	青海省达日县	
东倾沟	青海省玛沁县东倾沟	
曲什安	青海省兴海县曲什安镇	黄河

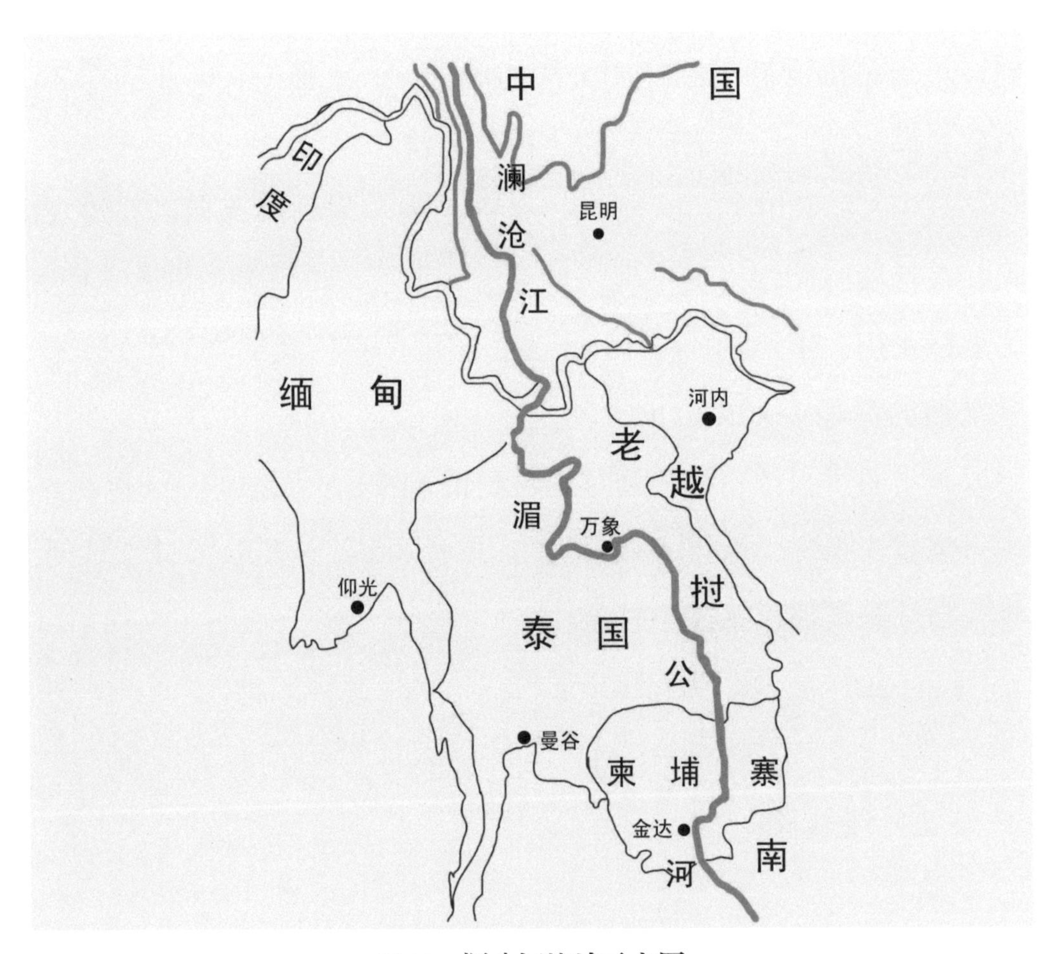

图18　**湄公河流域示意图**

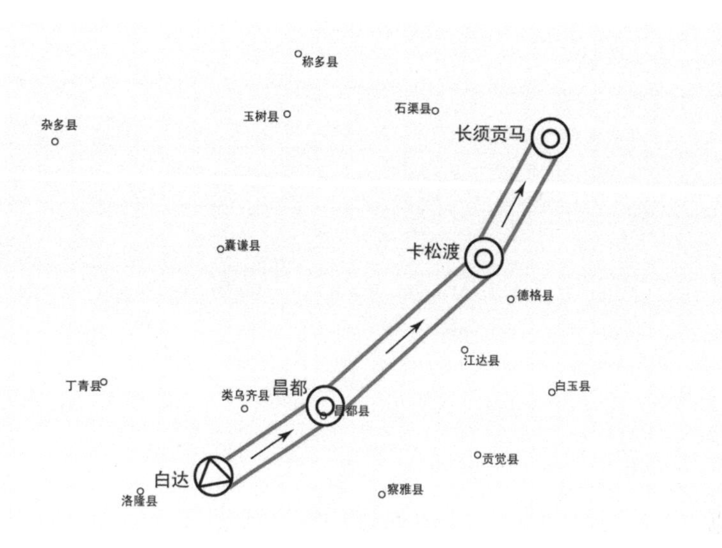

图19　**2号线示意图（1）**

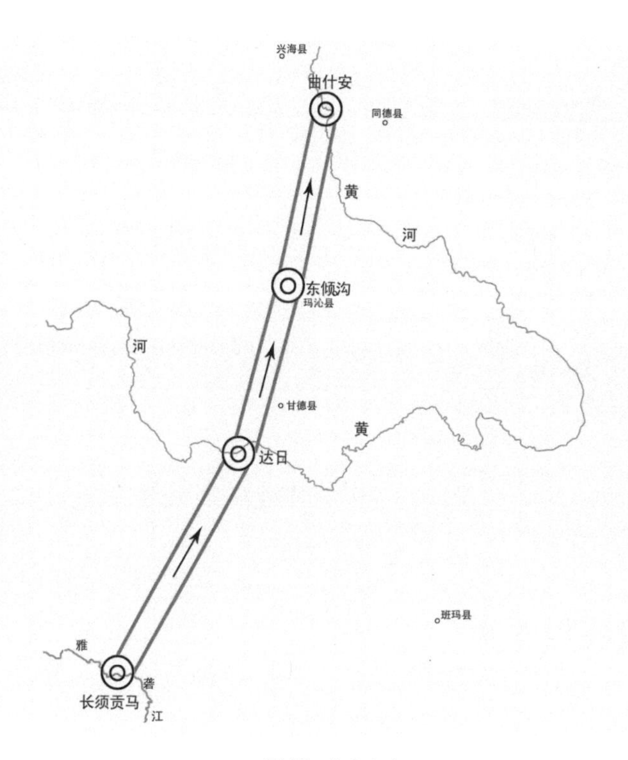

图20　**2号线示意图（2）**

【参阅图21】

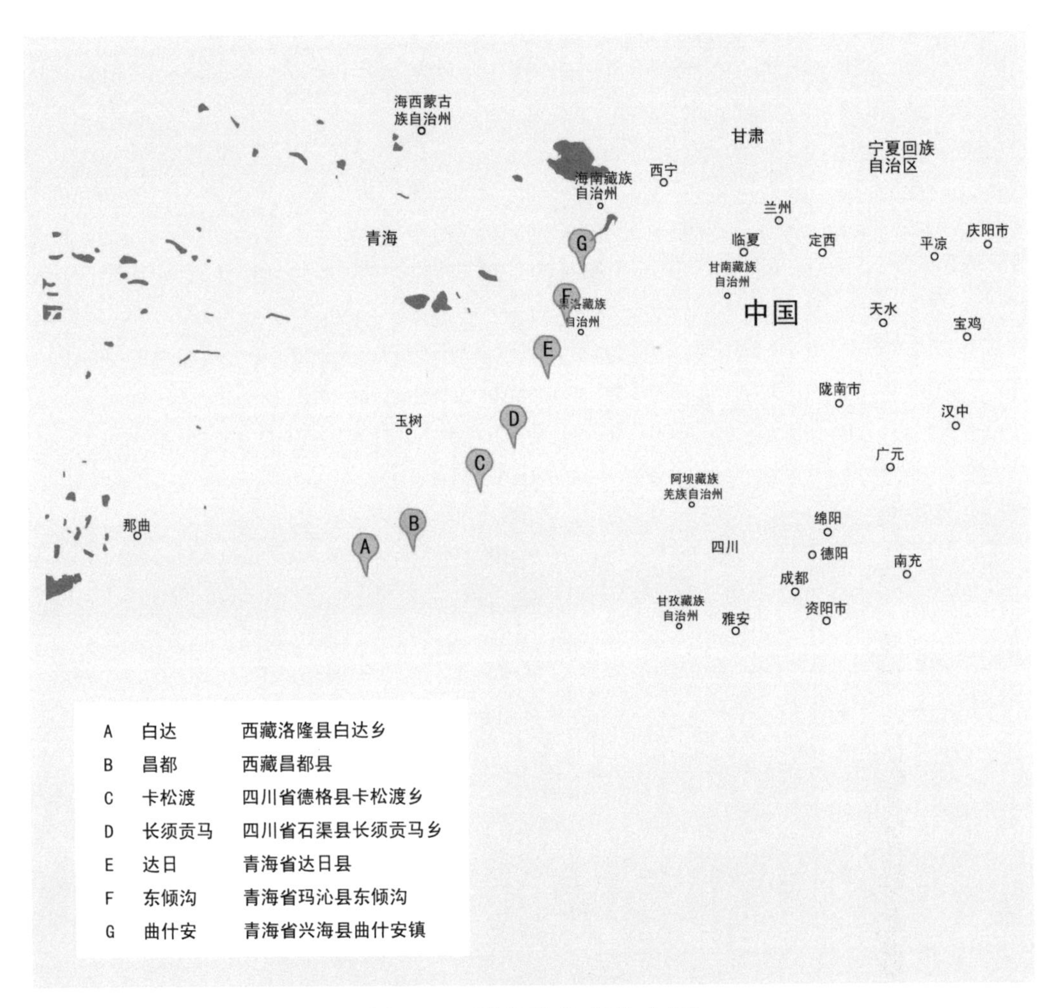

图21 **2号线作业点分布图**

（二）2号线隧道距离

白达　　　　　　0千米

昌都　　　　100千米

卡松渡　　　　150千米

长须贡马　　　　100千米

达日　　　　100千米

东倾沟　　　　100千米

曲什安　　　　100千米

全长合计650千米。

（三）2号线作业点地面海拔

作业点	地面海拔（米）	所处河流	作业点	地面海拔（米）	所处河流
白达	3 150	怒江	达日	4 100	
昌都	3 220	澜沧江	东倾沟	3 900	
卡松渡	3 130	金沙江	曲什安	2 720	黄河
长须贡马	3 800	雅砻江			

（四）2号线作业点经纬度

白达　　　　30度47分56.36秒　　　　北纬

　　　　96度21分03.69秒　　　　东经

昌都　　　　31度08分55.23秒　　　　北纬

　　　　97度09分34.36秒　　　　东经

卡松渡	32度04分01.97秒	北纬
	98度22分44.79秒	东经
长须贡马	32度45分23.94秒	北纬
	98度55分48.04秒	东经
达日	33度43分46.73秒	北纬
	99度30分09.87秒	东经
东倾沟	34度30分08.49秒	北纬
	100度06分37.03秒	东经
曲什安	35度19分54.60秒	北纬
	100度14分08.78秒	东经

（五）2号线的可调水量

1. 2号线串联了怒江、澜沧江、金沙江、雅砻江和黄河，建造的目的是主调澜沧江之水引入黄河；

2. 澜沧江可调水量300亿立方米，从昌都流入；

3. 怒江可作为补调水源，可调水量100亿立方米，从白达流入；

4. 怒江和澜沧江可能尚有剩余水量，经卡松渡地下喷入金沙江，为3号线提供水量；

5. 雅砻江作为备用水源。

（六）2号线隧道的技术指标

直径15米以上，所有材料全部国产。

1. 我们已有能力建造可抗6级地震的隧道，争取2号线能抗8级地震。
2. 2号线全长650千米，始发点白达，海拔3 150米，终点曲什安，海拔2 720米，海拔落差430米，隧道平均每千米下降0.66米。
3. 2号线隧道通过巴颜喀拉山和阿尼玛卿山，隧道最大埋深度大约2 000米。

（七）2号线整体设计及分步实施方案

第一段　卡松渡（通天河）—曲什安（黄河），长400千米，卡松渡地面海拔3 130米，曲什安地面海拔2 720米，海拔落差410米。隧道每千米造价3亿元，合计造价1 200亿元。年可调金沙江水量100亿立方米。

第二段　昌都（澜沧江）—卡松渡（通天河），长150千米，昌都地面海拔3 220米，卡松渡地面海拔3 130米。隧道每千米造价3亿元，合计造价450亿元。每年可从澜沧江调水300亿立方米，通天河的水量留给3号线。

第三段　白达（怒江）—昌都（澜沧江），长100千米，白达地面海拔3 150米，昌都地面海拔3 220米。隧道每千米造价3亿元，合计造价300亿元。

应特别注意：

1. 隧道全程从白达（海拔3 150米）开始计算，平均每千米下降0.66米。怒江、澜沧江、通天河、雅砻江，每个入水口都是漏入式的。

2. 洪水期和平水期，关闭怒江入水口，只需澜沧江的供水就足够了。2号线用剩的澜沧江洪水，来不及下流，自动从地下喷入通天河，供3号线使用。

3. 平水期，澜沧江如美水库保证下游的供水量，昌都仍然向2号线正常供水。如美水库水量不足时，由怒江水库补入。

4. 枯水期，关闭澜沧江昌都的入水口，怒江拥巴水库为2号线供水，保证2号线全年的调水量。

（八）2号线的造价

2号线全长650千米，每千米造价3亿元，合计造价1 950亿元，加上其他费用50亿元，总共合计造价2 000亿元。

（九）其他

2号线的水量有剩余，有利于3号线从金沙江调水。

五、3 号线

伟大的中国有两条巨龙，一条是长江，一条是黄河。长江是父亲，黄河是母亲，长江黄河，同为中华民族的发祥地。

长江，长6 300千米，流经青海、西藏、四川、云南、湖南、湖北、重庆、安徽、江西、江苏和上海，共11个省、市、自治区，流域面积180多万平方千米，约占全国国土面积的20%。长江年径流量近1万亿立方米，是世界第三大河流。长江每年7、8、9月三个月的洪水期，不少于5 000亿立方米的洪水流入东海。

【参阅图22】

黄河，长5 400千米，流经青海、四川、甘肃、宁夏、内蒙古、陕西、山西、河南、山东，9个省、区，流域面积75万多平方千米。黄河

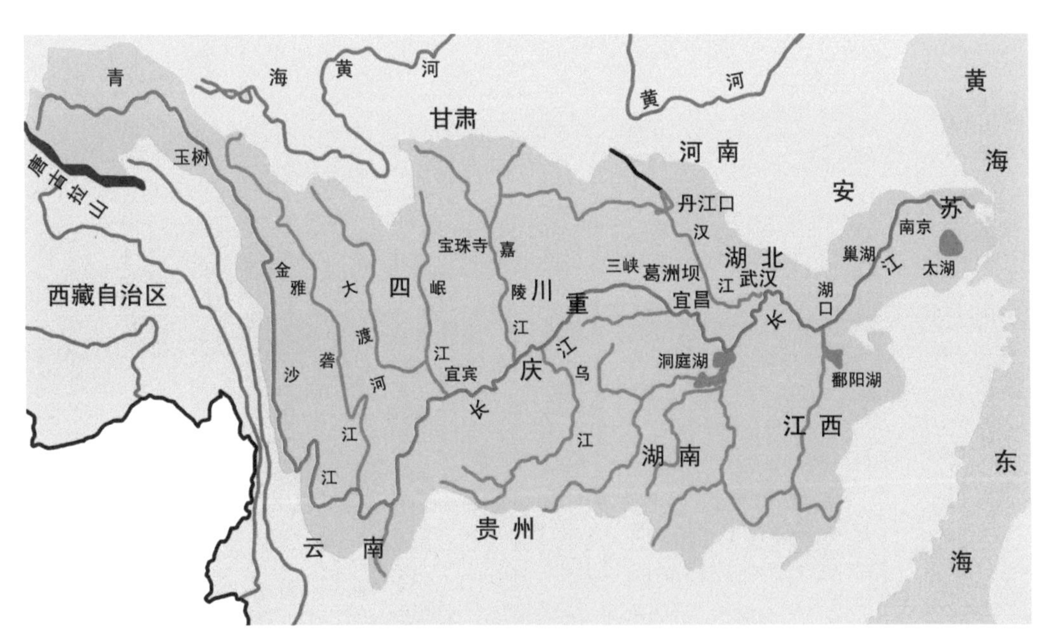

图22　长江流域示意图

年径流量580亿立方米。黄河有五大特点：一是水少，10年前几度干涸，下游几度发生水危机；二是沙多，黄河下游，每立方米的流水含沙35千克；三是黄河下游两岸滩涂太大，最宽达20千米，土地浪费严重；四是黄河下游已成悬河，开封郑州段尤甚，站在黄河岸上看开封，黄河高出开封城5—6米；五是黄河中游与下游海拔落差较大，超过800米，洪水期黄河下游容易决堤。五大特点归结起来，就是水少沙多。

【参阅图23】

长江、黄河，同是发源于青藏高原，长江水多，年流量近1万亿立方米，黄河水少，仅有580亿立方米，黄河的水量只有长江的

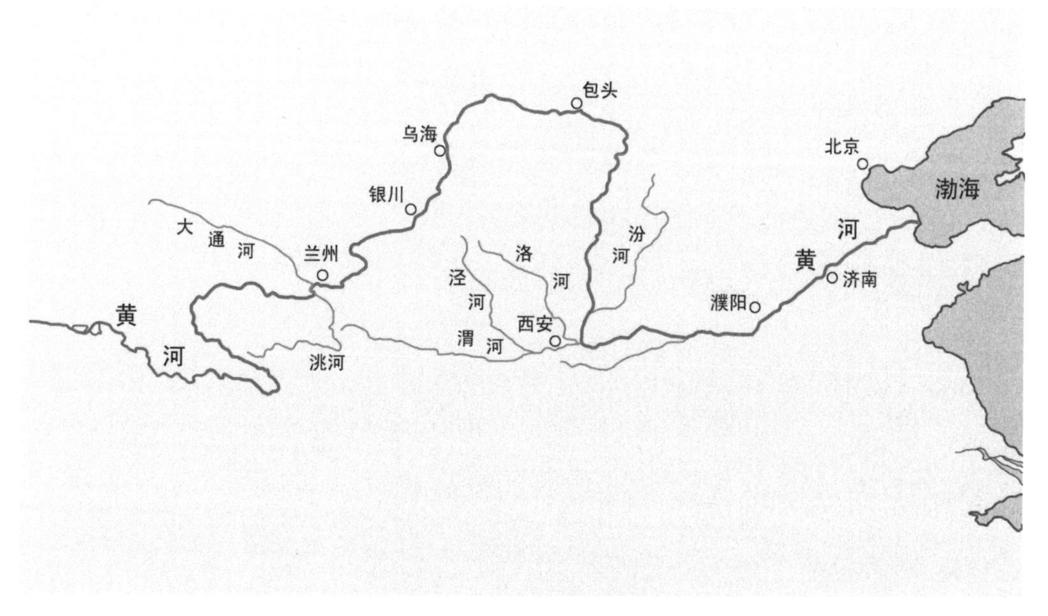

图23　**黄河流域示意图**

六分之一。如果能将长江流域洪水的一半调入黄河流域，中国经济发展的面貌将快速改变。

首先，将通天河之水调入黄河。四川省白玉县以上通天河就是长江的正源，白玉县以下是金沙江，金沙江是长江一级支流，年流量约1 500亿立方米。

建造3号线，主调金沙江、通天河之水，补调雅砻江之水，也可补调怒江之水。

（一）3号线线路

金沙	四川省白玉县金沙乡
赠科	四川省白玉县赠科乡
中扎科	四川省德格县中扎科乡
泥朵	四川省色达县泥朵乡
德昂	青海省达日县德昂乡
青珍	青海省甘德县青珍乡
玛沁	青海省玛沁县
秀麻	青海省同德县秀麻乡
曲什安	青海省兴海县曲什安镇

【参阅图24】

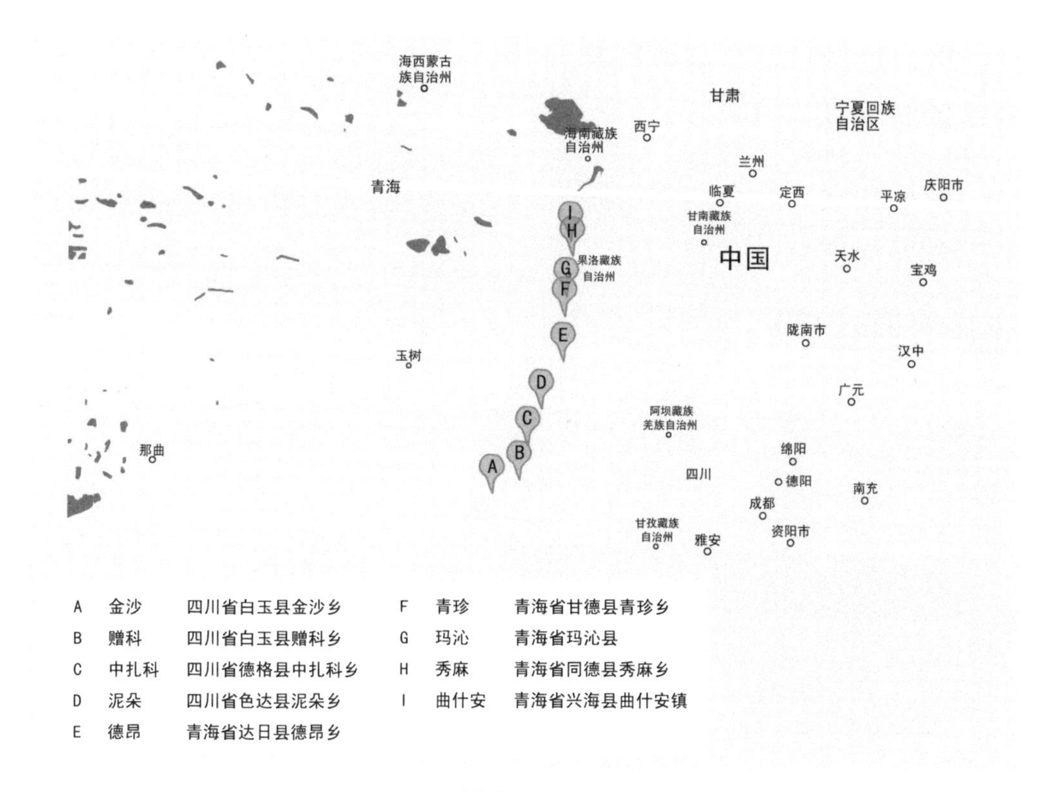

图24 **3号线作业点分布图**

（二）3号线隧道距离

金沙	0千米
赠科	50千米
中扎科	50千米
泥朵	80千米
德昂	120千米
青珍	80千米

玛沁　　　　　40千米

秀麻　　　　　70千米

曲什安　　　　30千米

合计全长520千米。

【参阅图25】

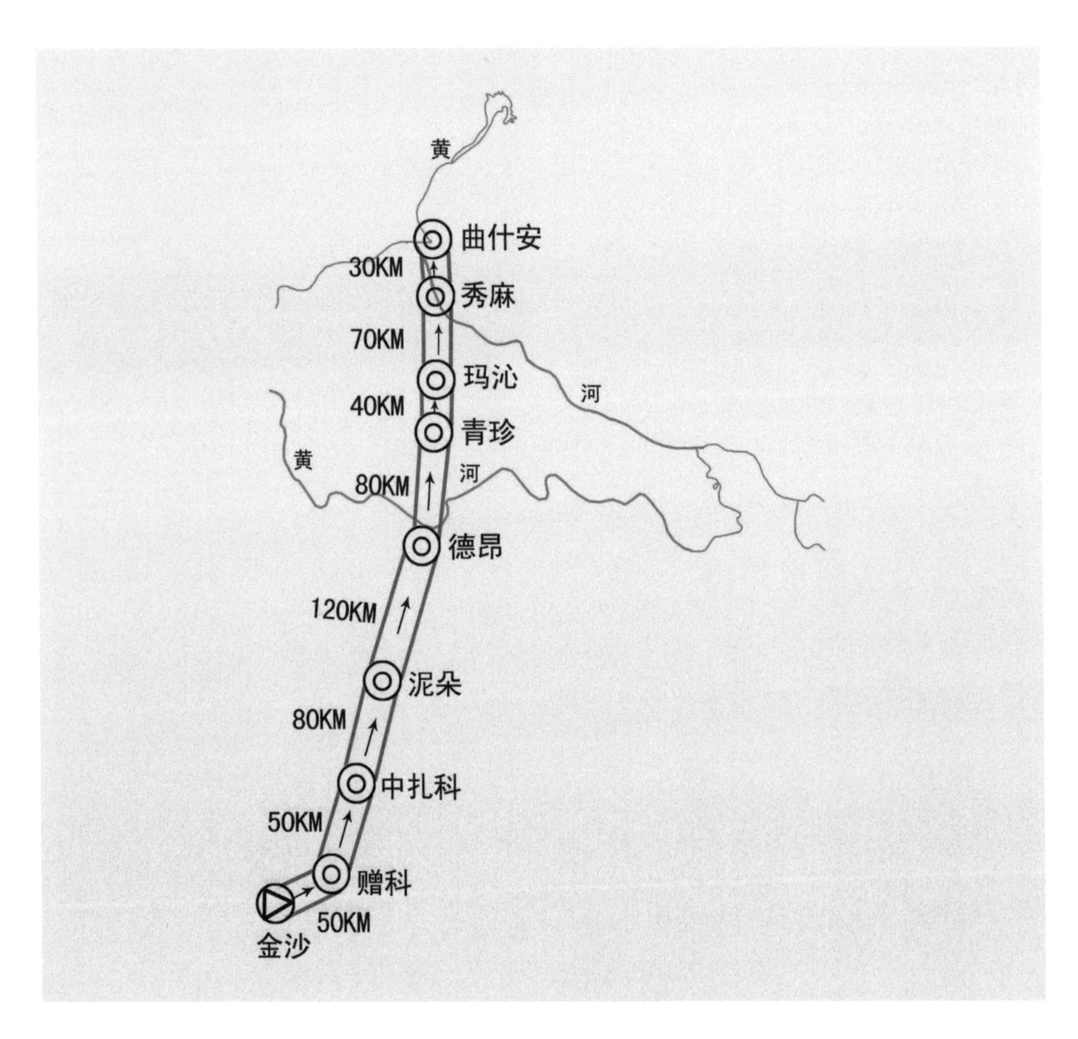

图25　**3号线距离图**

（三）3号线作业点地面海拔

作 业 点	地面海拔（米）	作 业 点	地面海拔（米）
金沙	2 950+250（坝）	青珍	4 000
赠科	3 200	玛沁	3 700
中扎科	3 500	秀麻	3 200
泥朵	4 000	曲什安	2 720
德昂	4 100		

隧道将穿越阿尼玛卿山，隧道最大埋深度不超过1 800米。

隧道作业点必须在公路边，以便大型作业设备进入。

金沙至曲什安海拔落差240—480米。隧道平均每千米下降0.5—1米。

【参阅图26】

（四）3号线作业点经纬度

金沙	31度14分47秒	北纬
	98度46分50秒	东经
赠科	31度28分35秒	北纬
	99度19分06秒	东经
中扎科	32度00分02秒	北纬
	99度29分88秒	东经
泥朵	32度40分22秒	北纬

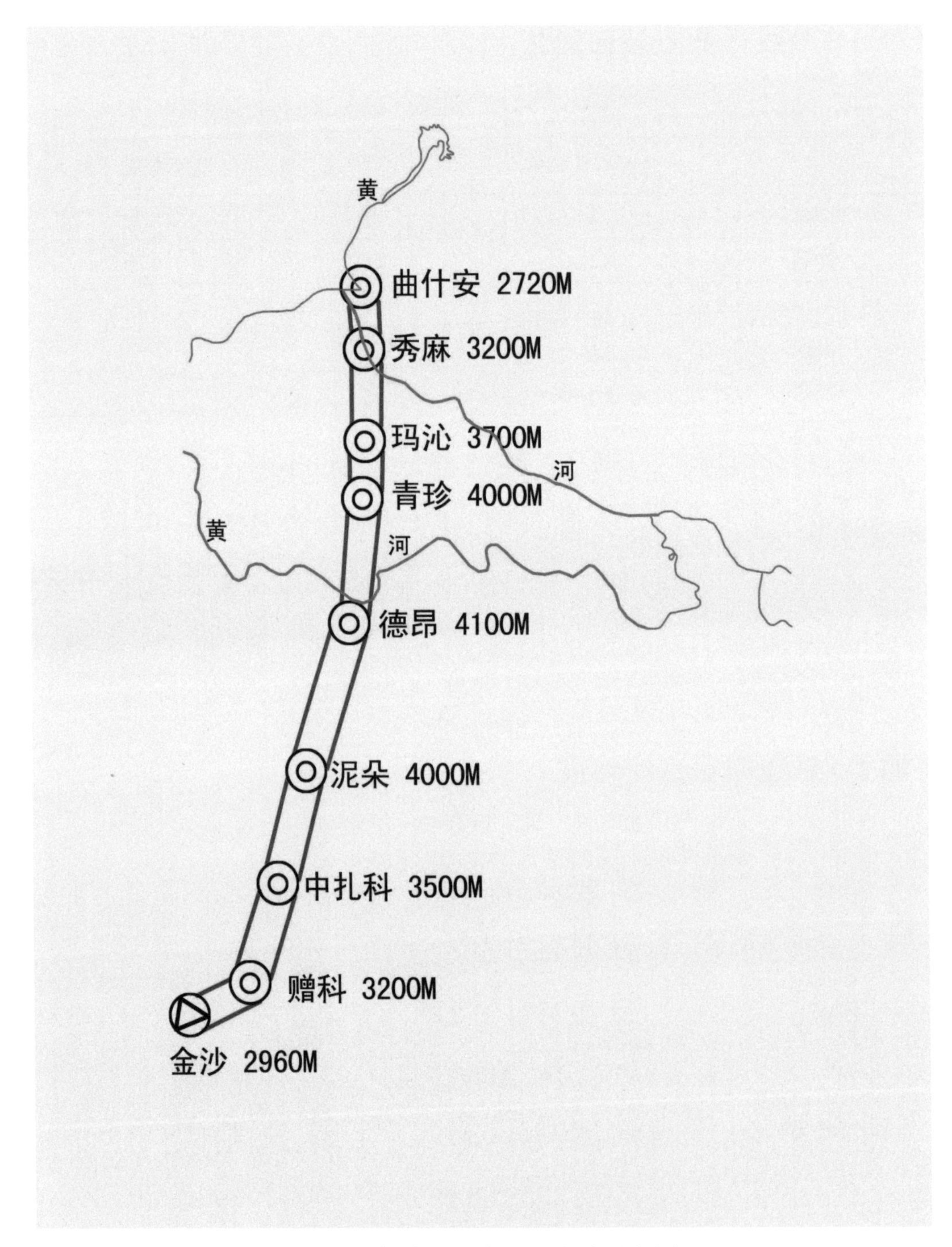

图26　**3号线作业点地面海拔示意图**

	99度44分45秒	东经
德昂	33度34分18秒	北纬
	100度07分37秒	东经
青珍	34度08分41秒	北纬
	100度11分43秒	东经
玛沁	34度27分38秒	北纬
	100度14分32秒	东经
秀麻	35度07分25秒	北纬
	100度14分12秒	东经
曲什安	35度20分19秒	北纬
	100度13分20秒	东经

【参阅图27】

（五）3号线的可调水量

根据金沙江上的巴塘水文站资料记录，巴塘以上年径流量300亿立方米，由此可推算出3号线从金沙江调入黄河的水量每年不少于150亿立方米。另外，3号线经过中扎科，可从雅砻江适当补调。雅砻江上的中扎科地面海拔3 500米，隧道海拔低于3 100米，雅砻江之水从中扎科的作业点可直接漏入3号线隧道。金沙江年径流量1 500立方米，从其上游调出150亿立方米，相当于总流量的10%，

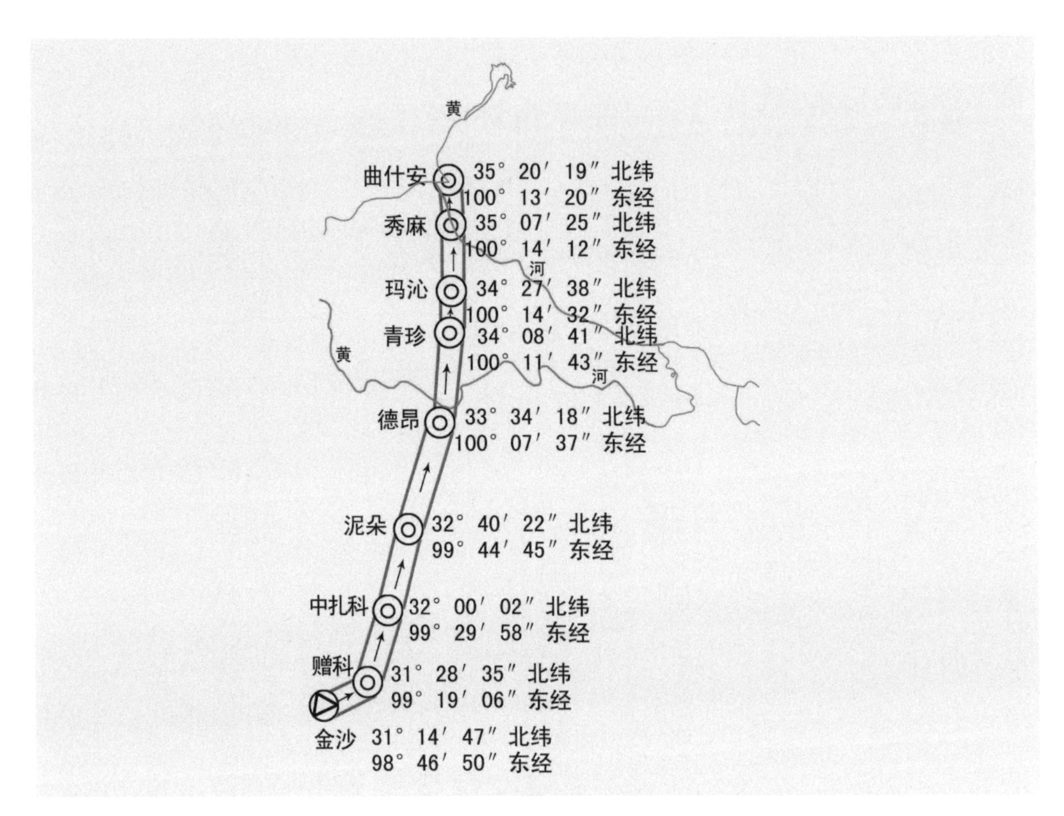

图27　**3号线经纬图**

对金沙江几乎没有负面影响，即使有负面影响，也是微不足道的。况且，2号线已预先可向通天河补水20—50亿立方米。总体来看，即使枯水期，从金沙江调水也是可行的。

（六）建造金沙江水库

一年四季，3号线要有足够水量可调，就必须建造金沙江水库。金沙江水库可建造于四川省白玉县金沙乡，此地位于北纬31

度14分47秒，东经98度46分50秒，海拔2 950米。

金沙江水库大坝高250米，横跨金沙江上，长1 500米。

金沙江水库，长约70千米，均宽约1 000米，均深约120米，库容约80亿立方米。

【参阅图28】

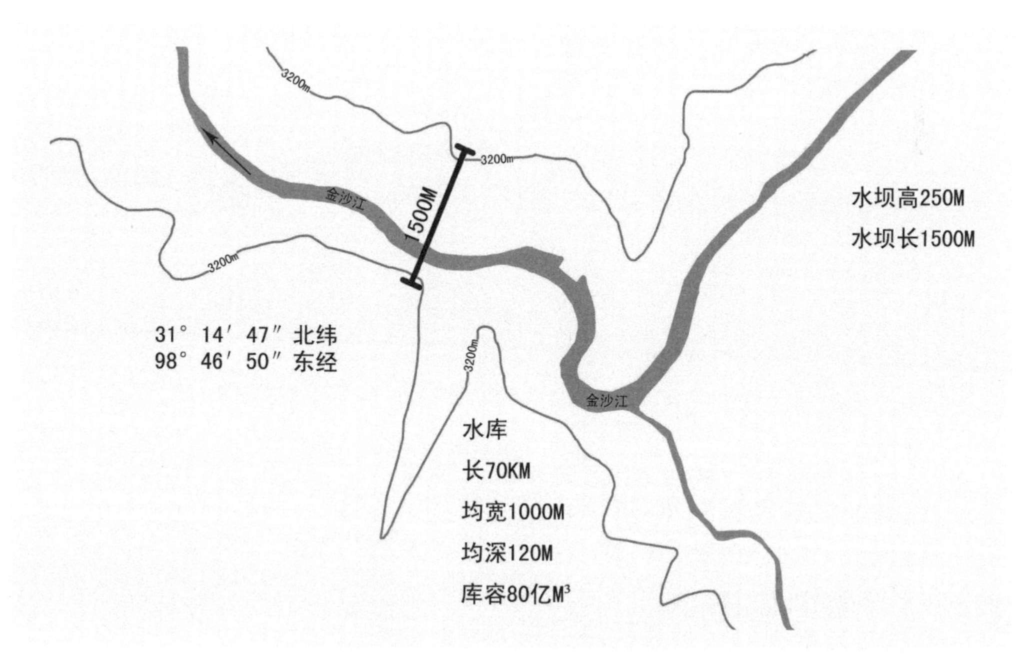

图28 **金沙江水库地形图**

（七）建造曲什安水电站

3号线每年调水150亿立方米，从金沙江水库经黄河边上的曲什安镇流入黄河，金沙江水库海拔2 950—3 200米，曲什安镇海拔

2 720米，两地海拔落差230—480米，在曲什安镇的出水口建造水电站，发电量应该较大。

建造曲什安水电站的费用另计。

【参阅图29】

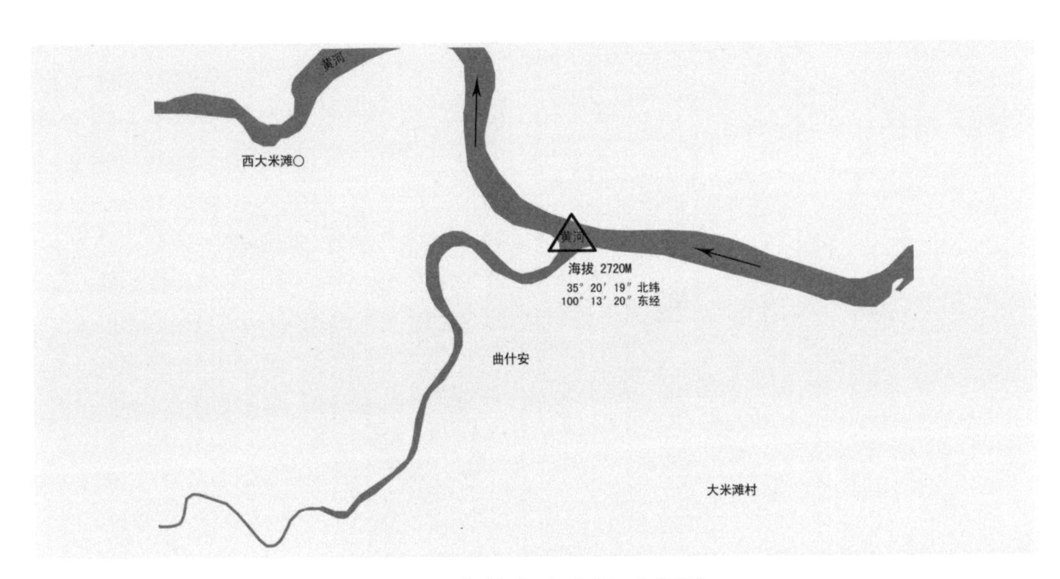

图29　**曲什安水电站示意图**

（八）3号线的造价

建造3号线的费用合计1 700亿元。其中：

1. 隧道，长520千米，直径15米，每千米造价3亿元，合计1 560亿元；
2. 金沙江水库，造价100亿元；
3. 其他费用40亿元。

六、“第 一 天 池”

2号线和3号线每年调水450亿立方米流入黄河，如果调控不好，洪水期容易引发黄河水灾。

可在黄河上游建造水坝，卡住黄河上游的流量，让2号线和3号线的水先行流入黄河，确保洪水期平稳有序调水。

（一）建造多松大坝

坝址可选定在青海省河南蒙古族自治县的多松乡。

河底海拔3 330米。

大坝高120米、长1 000米。

大坝地理坐标:东经101度14分06.68秒,北纬 34度17分42.68秒。

【参阅图30、图31】

（二）建造若尔盖隧道

连瓦—黑拉，隧道长15千米，直径10米。

连瓦，四川省若尔盖县，地面海拔3 430米。东经102度42分40.35秒，北纬33度58分04.05秒。

黑拉，四川省若尔盖县，地面海拔3 330米。东经102度43分17.16秒，北纬34度01分37.30秒。

建造若尔盖隧道，就是为了将湖水引入白龙江。

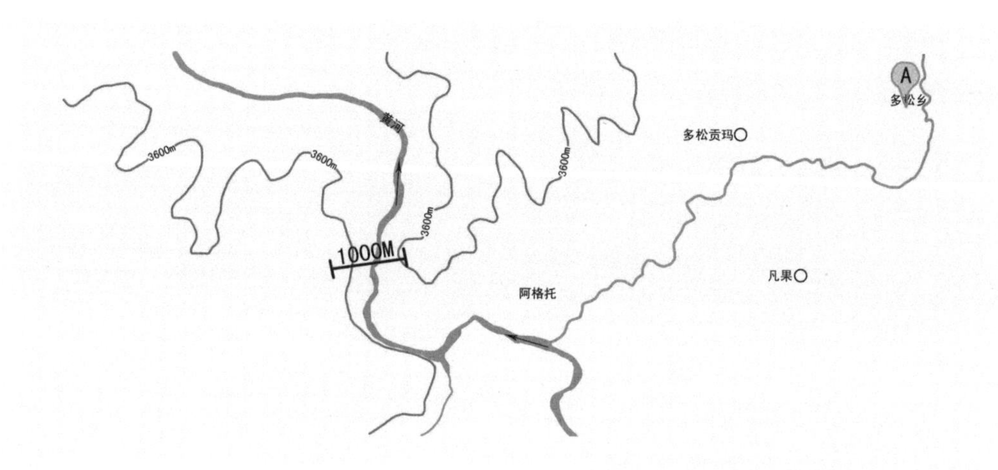

A　多松大坝位于青海省河南蒙古族自治县多松乡

海拔，3330米 +120米

大坝，高120米，长1000米

东经 101° 14′ 06.68″

北纬 34° 17′ 42.68″

图30　**多松大坝地形图（1）**

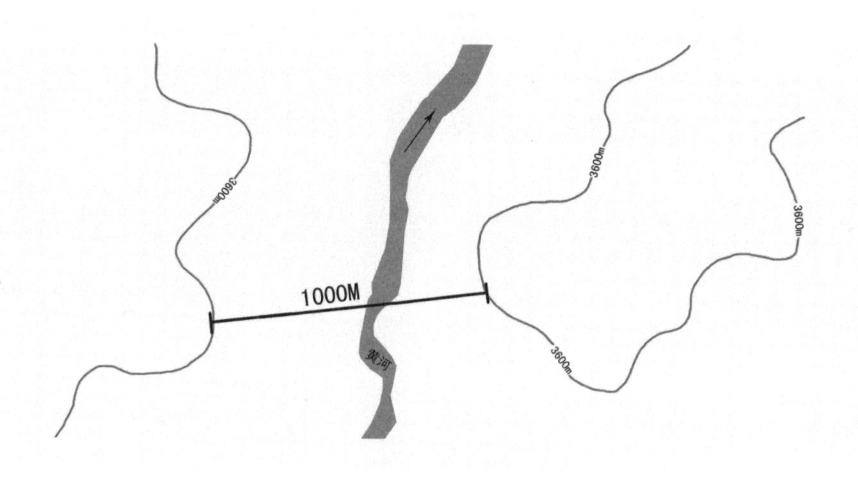

图31　**多松大坝地形图（2）**

应特别注意：隧道海拔，连瓦3 420米—黑拉3 330米。连瓦隧道海拔不能高，防止有水流不出。

【参阅图32】

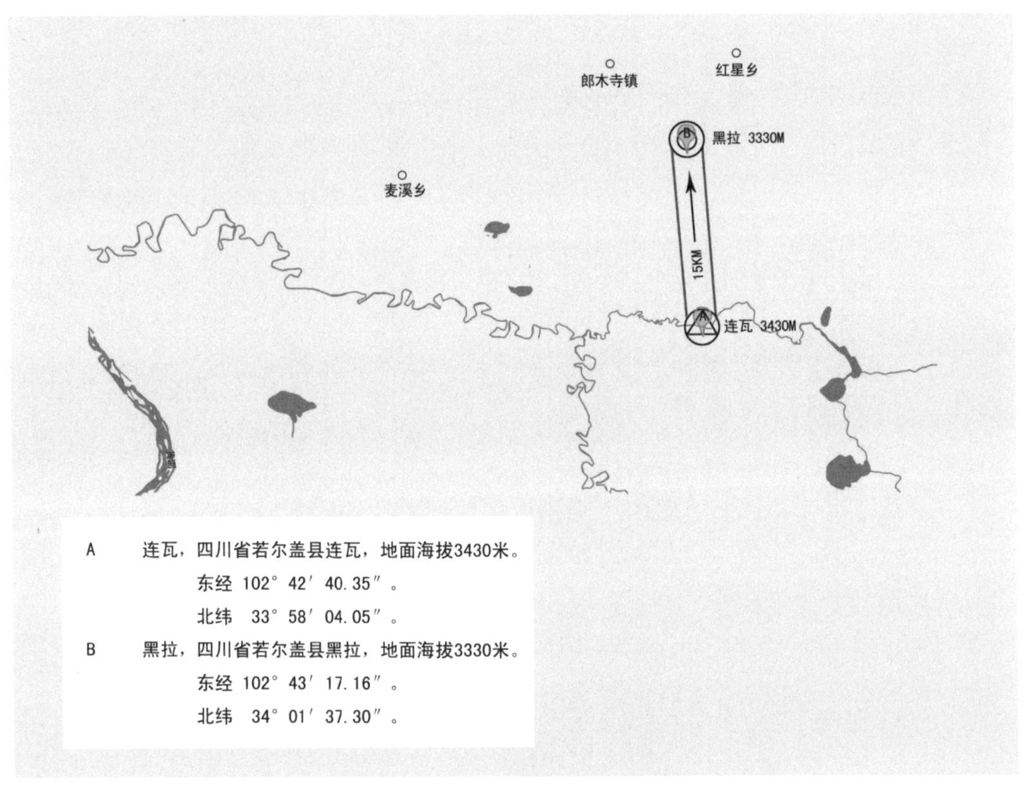

图32　**若尔盖隧道示意图**

（三）玛曲湖

多松大坝建成后，水位上升，水面扩大，多松大坝至玛曲县城段的黄河河面形成一湖，可称之为玛曲湖。

多松大坝—玛曲，长80千米，均深60米，均宽1 500米，库容约70亿立方米以上。

【参阅图33】

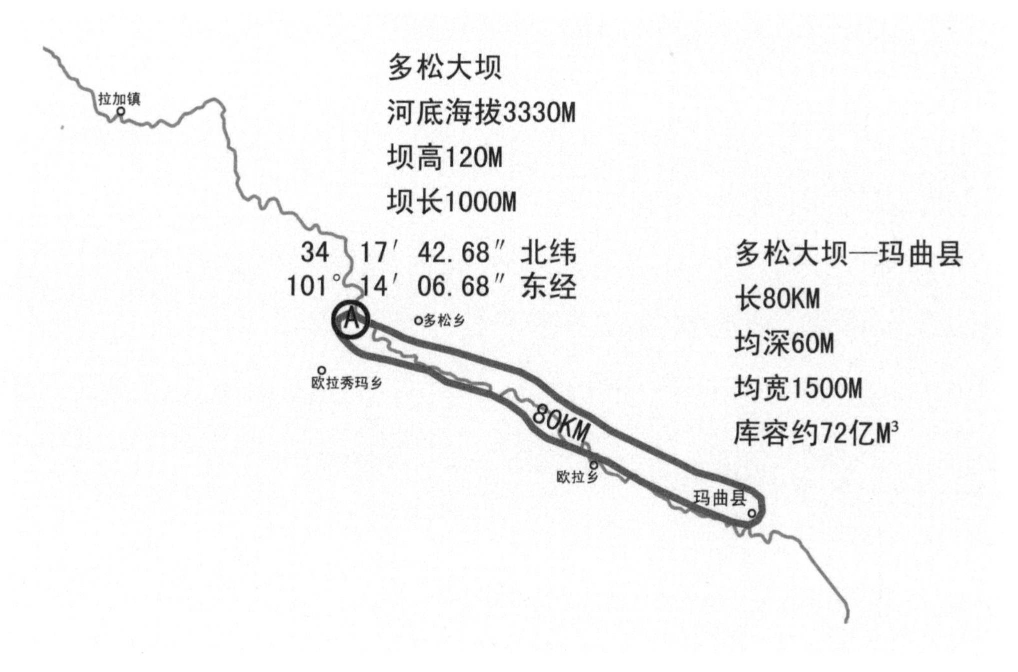

图33 **玛曲湖示意图**

（四）若尔盖湖

多松大坝建成后，水多溢出原有河床，淹没黄河两岸及若尔盖县大片地区，玛曲县城至若尔盖县唐克乡被淹没的地区又形成一湖，可称之为若尔盖湖。

A区，长80千米，均宽20千米，均深15米，容积约240亿立方米。

B区，长50千米，均宽20千米，均深10米，容积约100亿立方米。

两区相加，合计容积约340亿立方米。

【参阅图34】

（五）水位的限制

1. 限制水位海拔3 430米。若尔盖县唐克乡，海拔3 433米，超过3 430米，将淹没唐克乡。水位由若尔盖隧道闸门自动调控。当水位的海拔超过3 430米，水就经过若尔盖隧道流入白龙江。唐克乡应尽早搬离。

2. 限制水位海拔3 450米，不得危及玛曲县城海拔3 455米。多松大坝海拔高度3 450米，水位高度由多松大坝的闸门和若尔盖隧道的闸门共同控制。多松大坝放水不能在洪水期，以免与3号线引水发生冲突。

（六）“第一天池”

玛曲湖与若尔盖湖位于黄河、长江之间，两者共同构成中国的又一“天池”，因其得天独厚的地理优势，称之“第一天池”一点也不为过。“第一天池”有下列特点：

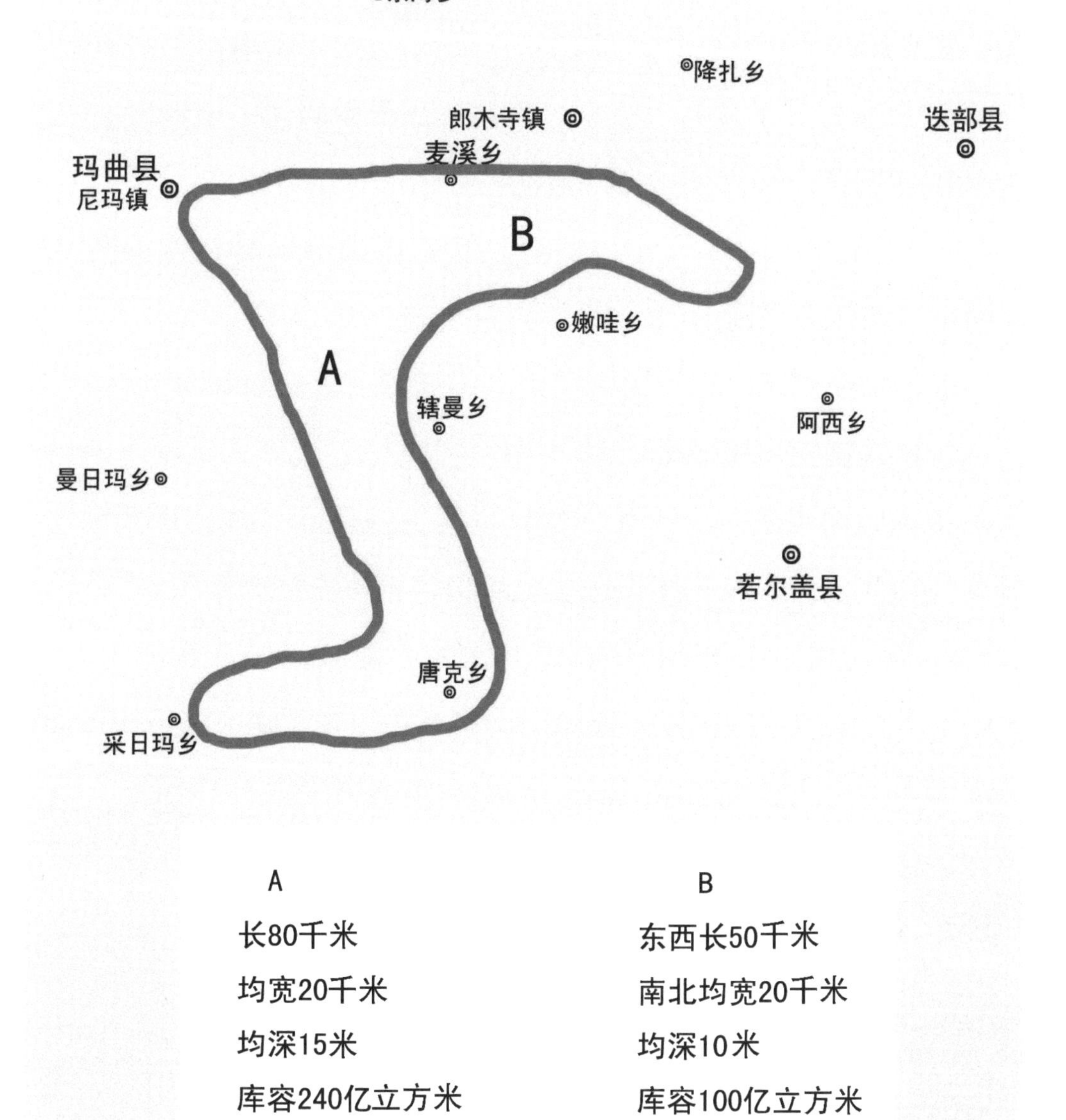

尕海乡
降扎乡
郎木寺镇
迭部县
麦溪乡
玛曲县
尼玛镇
B
嫩哇乡
A
辖曼乡
阿西乡
曼日玛乡
若尔盖县
唐克乡
采日玛乡
A
长80千米
均宽20千米
均深15米
库容240亿立方米
B
东西长50千米
南北均宽20千米
均深10米
库容100亿立方米

图34　**若尔盖湖示意图**

1. 海拔高。玛曲湖和若尔盖湖位于海拔3 000米以上。

2. 湖容大。玛曲湖和若尔盖湖的合计容量或许超过400亿立方米，至少不少于300亿立方米。

3. 水质好。水从高山流入，来自人烟稀少的无污染地区。

4. 水量大。每年不少于200亿立方米的顶级好水流入。

5. 位置好。位于长江与黄河之间，可按需向黄河水系放水，也可向长江水系放水。

多松大坝水闸放水，流入黄河，沿着原有河道济旱黄河。

若尔盖隧道水闸放水，流入白龙江，可分流流入洮河、渭河，最后流入黄河，也可分流流入汉江，再分流流入中线，送到湖北、河南、河北、山东及京津地区，也可分流流入嘉陵江、长江。

6. 作用大。湖里300亿立方米的水，流入田中，就能生产出300亿斤粮食，经过水电站，就能生产出100亿电。储水就是储粮食，就是储电能，就能改善环境。

（七）“第一天池”的造价

“第一天池”的造价150亿元。

1. 多松大坝，高120米，长1 000米，造价50亿元；

2. 若尔盖隧道，长15千米，直径10米，每千米造价2亿元，合计30亿元；

3. 唐克乡搬迁，全乡5 000人，费用约10亿元；

4. 若尔盖草原淹没费50亿元；

5. 其他费用10亿元。

七、4 号线

“第一天池”建成后，除了旱季向黄河补水100亿立方米，每年还剩余50多亿立方米，预计3年后多于150亿立方米。天池水位上升，将威胁位于海拔3 433米唐克乡的安全。解决矛盾有三个办法：一是唐克乡必须提前搬迁，当然迟早是必须搬迁的，晚迁不如早迁。二是将水浪费掉，天池之水强行放入黄河下游，或者3号线临时停止运行，不准金沙江之水引入黄河，此法不可取。三是将天池之水，通过若尔盖隧道，引入白龙江。先采用第三种方案，再平稳过渡到第一种方案。

天池之水流入白龙江，与1号线合流，水多，除了供应中线调水，还有过剩，这为解决渭河之渴提供了条件。

1号线完成之后，原本引水入渭就可进行，为了更加稳妥才稍晚着手。天池之水流入1号线后，加强了引水入渭的条件。

挖掘4号线，目的就是引水流入渭河。

（一）4号线线路

略阳—宝鸡

略阳　陕西省略阳县

宝鸡　陕西省宝鸡市

（二）4号线隧道距离

略阳—宝鸡　150千米

（三）4号线作业点地面海拔

略阳，地面海拔690米，隧道海拔590米。

宝鸡，地面海拔570米。

说明：

略阳的隧道始发点必须在海拔590米，高于终点570米，低于新铺600米，为以后的发展提供必要的条件。新铺将发展成调水枢纽，调水路线是新铺海拔600米—略阳海拔590米—宝鸡海拔570米。4号线通过秦岭，隧道最大埋深度约2千米。

（四）4号线作业点经纬度

略阳	33度17分41秒	北纬
	106度08分27秒	东经
宝鸡	34度21分18秒	北纬
	107度12分02秒	东经

（五）4号线的造价

4号线的造价480亿元。

1. 隧道，长150千米，每千米造价3亿，合计造价450亿元。隧道直径15米；

2. 略阳水坝，造价5亿元；

3. 其他费用25亿元。

【参阅图35】

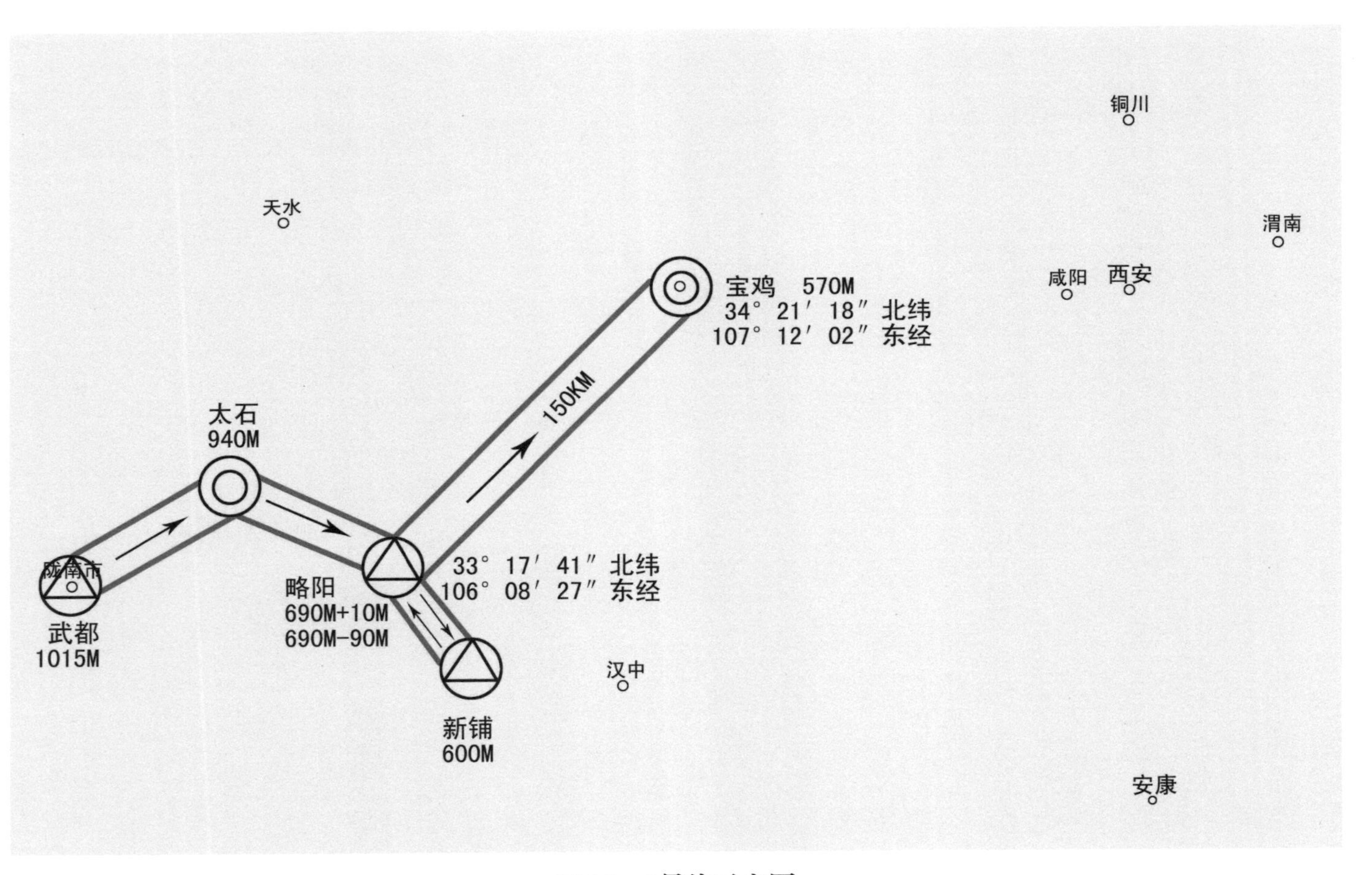
天水
铜川
渭南
咸阳
西安
宝鸡 570M
34° 21′ 18″ 北纬
107° 12′ 02″ 东经
150KM
太石
940M
陇南市
武都
1015M
略阳
690M+10M
690M−90M
33° 17′ 41″ 北纬
106° 08′ 27″ 东经
汉中
新铺
600M
安康

图35 **4号线示意图**

八、5 号线

6号线、8号线从雅鲁藏布江北调洪水几百亿立方米，蓄在哪里？

1号线从雅砻江、大渡河的上游调水，经白龙江上的旺藏流入5号线，不再向4号线和汉江输水，改由6号线、8号线代替。

在6号线、8号线建成之前，必须建造好5号线。

（一）5号线线路

旺藏　　甘肃省迭部县旺藏乡

荣丰　　甘肃省临洮县荣丰村

【参阅图36、图37】

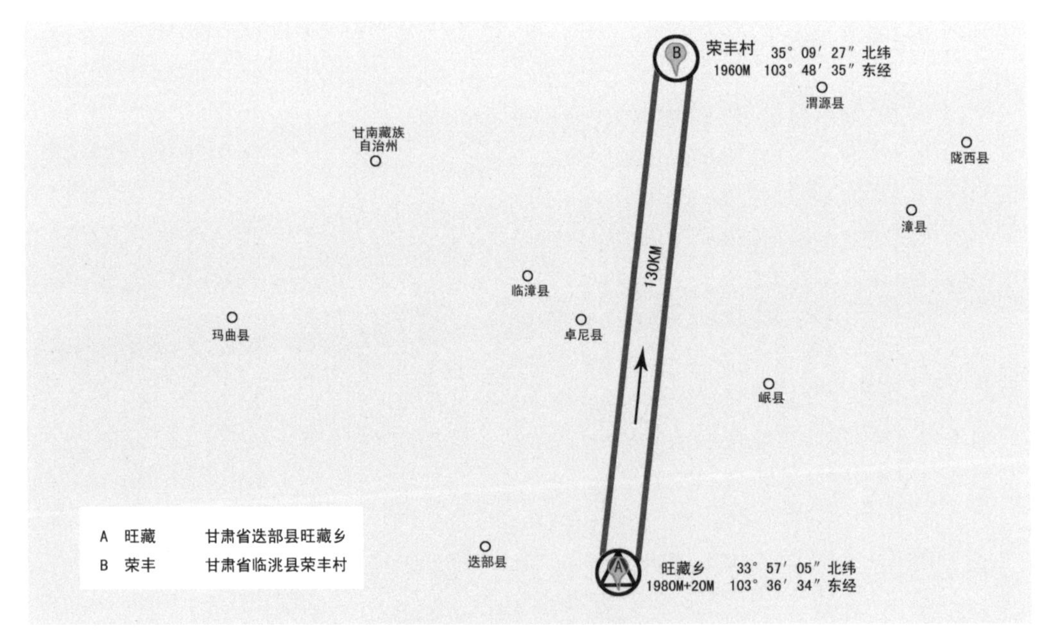

图36　**5号线地形图**

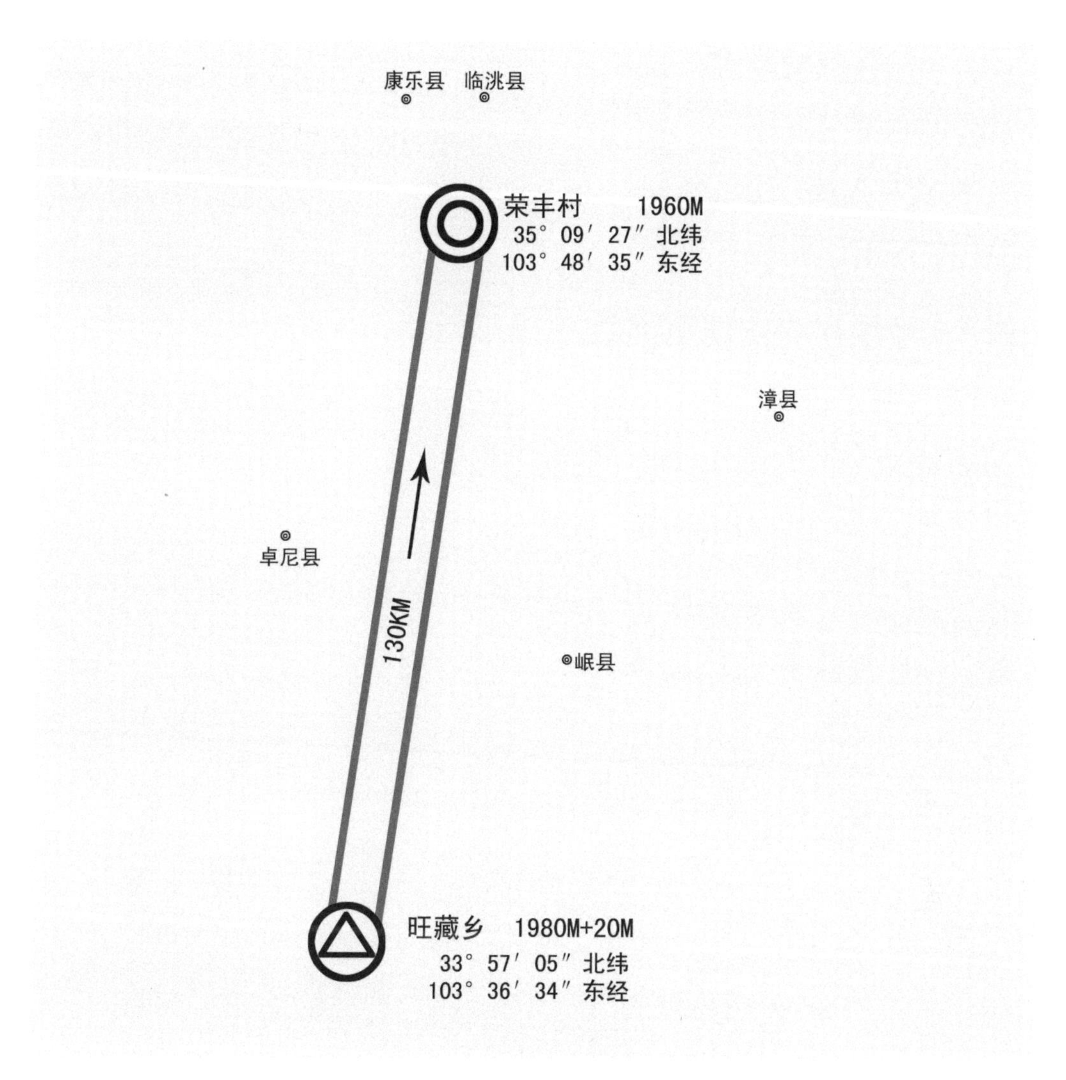

图37 **5号线示意图**

（二）5号线的建造目的

1、5号线经洮河，向黄河输水，同时腾出位置，留待6、8号线向渭河输水。

（三）5号线隧道距离

旺藏—荣丰，130千米。

（四）5号线作业点地面海拔

旺藏	1980米+20米（坝）
荣丰	1 960米

（五）5号线作业点经纬度

旺藏	33度57分05秒	北纬
	103度36分34秒	东经
荣丰	35度09分27秒	北纬
	103度48分35秒	东经

（六）旺藏水库

旺藏大坝，高20米，长1 500米。

（七）5号线的造价

5号线造价400亿元。

1. 5号线隧道，隧道直径15米，长130千米，每千米造价3亿元，合计390亿元；

2. 旺藏大坝，造价5亿元；

3. 其他费用5亿元。

九、6 号线

6号线从雅鲁藏布江调水，济旱北方，这是国之大事。

（一）雅鲁藏布江的长度

雅鲁藏布江发源于中国西藏喜马拉雅山的北麓，流经中国、印度和孟加拉国。中国段是上游，称之为雅鲁藏布江，长约2 000千米；印度段是中游，称之为布拉玛普特拉河，长约700千米；孟加拉国段是下游，称之为贾木纳河，长约300千米。三段相加，长约3 000千米。

【参阅图38】

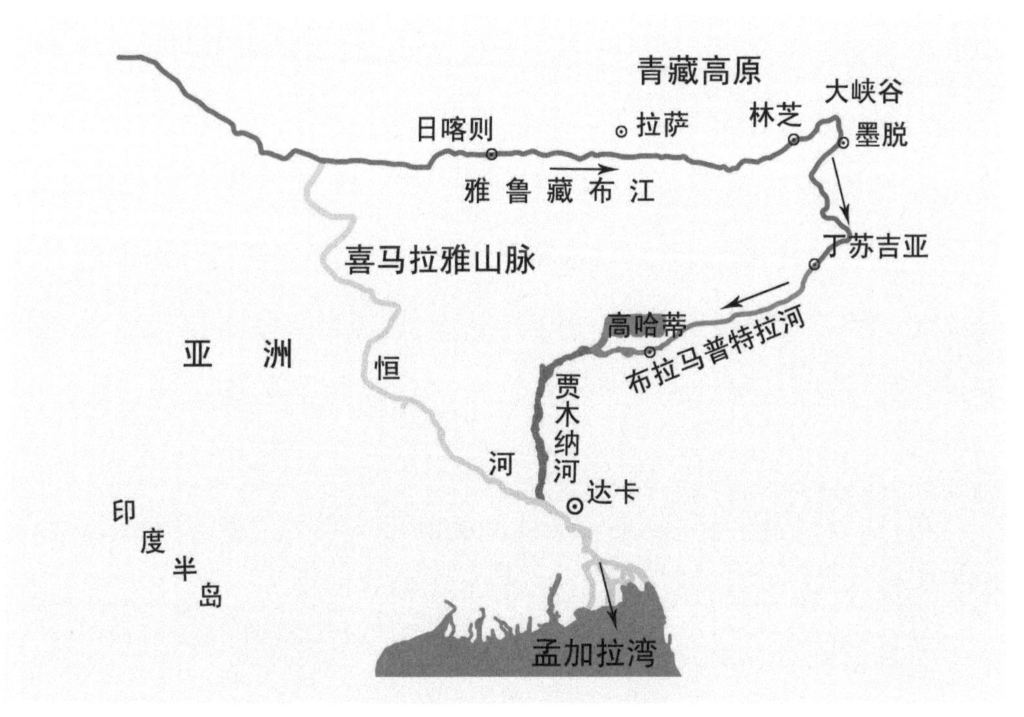

图38　**雅鲁藏布江图示**

（二）雅鲁藏布江的水量

雅鲁藏布江流入布拉马普特拉河，每年约1 600亿立方米，另外流入布拉马普特拉河的还有：西巴霞曲（苏班西里河）约500亿立方米；察隅曲约300亿立方米；卡门河约250亿立方米；丹巴曲约150亿立方米，等等，多得数不清。中国西藏河流流入印度布拉马普特拉河的总量，每年不少于3 000亿立方米。

布拉马普特拉河年径流量约6 800亿立方米，流经中印两国国境线的东段，是降雨量丰沛的地区。中国的藏南地区，年平均降雨量约2 000毫米；印度的乞拉朋齐地区，年平均降雨量9 000毫米，是世界之最。在这里，大量的暖湿气流，从印度洋上吹来，进入巨大的山谷里，进得来回不去，暖湿气流上升遇冷，或化作雨水落地，或化作冰雪积于山上，冰雪待温度升高，化作洪水，从高山俯冲下来，冲入雅鲁藏布江、马普特拉河。这里，山极高，南迦巴瓦山峰7 782米，位于雅鲁藏布江畔；谷极低，雅鲁藏布江大峡谷深度6 000米，长500千米，是世界之最。这里，是热带的最北端，雨季6—11月，每年不少于160天发生洪灾。

布拉马普特拉河的特点：一、河的坡度大。高程海拔128米以上，低程海拔28米，海拔落差大，流程短，只有700千米，所以水流湍急，最大流量每秒10万立方米。二、河的荷载大。6 800亿立方米的河水，就是6 800亿吨，不均衡地运动在700千米的河道上，平均每千米约1

亿吨，是世界之最。三、河面宽。从卫星云图上看，河面平均宽度约10千米。河的两岸是广阔的平原,难以建造大的拦河坝和大的水电站。小的拦河坝难以挡住大水，大的拦河坝必须建在山谷里，例如中国的三峡水电站坝高178米，溪洛渡水电站坝高278米，都是建在大山峡谷里。四、河的两岸连年水灾。河长700千米，河两岸的防水坝3 000千米，还是挡不住河水年年泛滥。五、河流位于强地震带上。1950年发生8级地震。这一地区的地理环境，是由喜马拉雅山脉、念青唐古拉山脉和横断山脉，三个山脉互相挤压引起地壳运动所造成的。

（三）布拉马普特拉河的现状

据新闻报道，2012年7月，印度东北部连日暴雨引发洪水，造成至少79人死亡，220万人无家可归。布拉马普特拉河流经的阿萨姆邦是受灾最严重的地区之一。阿萨姆邦政府声明，有79人因洪水遇难。2012年9月，印度东北部的连日暴雨引发猛烈洪水。据印度的新闻报道，洪灾造成至少30人死亡，超过100万人无家可归。报道称，受灾严重的阿萨姆邦27个地区中有18个遭到洪水的袭击，至少7人在洪水中丧生，近100万人无家可归。

新华社新德里2013年10月26日电，据印度媒体报道，连日持续降雨引发的洪灾已在印度东部夺去至少45人的生命，造成上百万人受灾。当地政府从灾区疏散了十几万人，并为他们设立上百个临时接济中心。印度东部一些邦当月中旬还遭受强旋风袭击，这次连降暴雨，无疑让灾区雪上加霜。

新华社新德里2014年8月28日电："印度官员27日说，印度东北部阿萨姆邦近日遭遇严重洪灾，过去数天已造成至少10人死亡，120万人受灾。阿萨姆邦救灾防灾部门官员说，流经阿萨姆邦的布拉马普特拉河及其支流过去几天因降雨致水位猛涨，使该邦16个地区2 000多个村庄受灾，受灾民众达120万人，大约16万人已转移到政府建立的临时居住点。当地政府正在向灾区派遣救援队，并派出了100多艘救援船只，营救被洪水围困的民众。当地电视画面显示，许多村镇被大水淹没，营救人员正用船只等帮助灾民撤离。"

由上述新闻报道可以得出下列结论：一是，2012年、2013年、2014年，布拉马普特拉河流域，连年水灾。二是，每年雨季的6、7、8、9、10、11月当中，是洪水的多发期。三是，洪灾太过惨烈，中印应联手应对。

对于布拉马普特拉河的治理，人们已经争论了半个世纪，都是纸上谈兵，至今无所作为。事实上，根据这一流域的自然条件，即使再经过100年的科技发展，人类也无法在强地震区建造大水坝和大发电站，最多只能在其支流上建造小水库和小发电站。

（四）中印关系

中印同是文明古国，自古以来就是友好邻邦。在政治、经济、文化各个方面，两国向来都有密切的交往。佛教自唐朝传入中国，影响久远；著名的“和平共处五项原则”，就是两国老一辈领导人共同创建的。

中印同是发展中大国，有共同的利益和追求，在世界上经常站在同一个立场上，用同一个声音说话，影响全世界。

遗憾的是，臭名昭著的“麦克马洪线”严重影响了两国的关系，印度至今仍旧非法占据中国藏南9万多平方千米的土地。

（五）6号线线路

6号线从雅鲁藏布江调水，路线规划如下：

扎曲	西藏林芝县扎曲村	雅鲁藏布江
古乡	西藏波密县古乡	帕隆藏布江
七十八	西藏八宿县七十八道班	
中林卡	西藏左贡县中林卡乡	怒江
如美	西藏芒康县如美镇	澜沧江
朱巴龙	西藏芒康县朱巴龙镇	金沙江
米龙	四川省雅江县米龙乡	雅砻江
繁荣	四川省泸定县繁荣村	大渡河
东岳	四川省洪雅县东岳镇	岷江

【参阅图39】

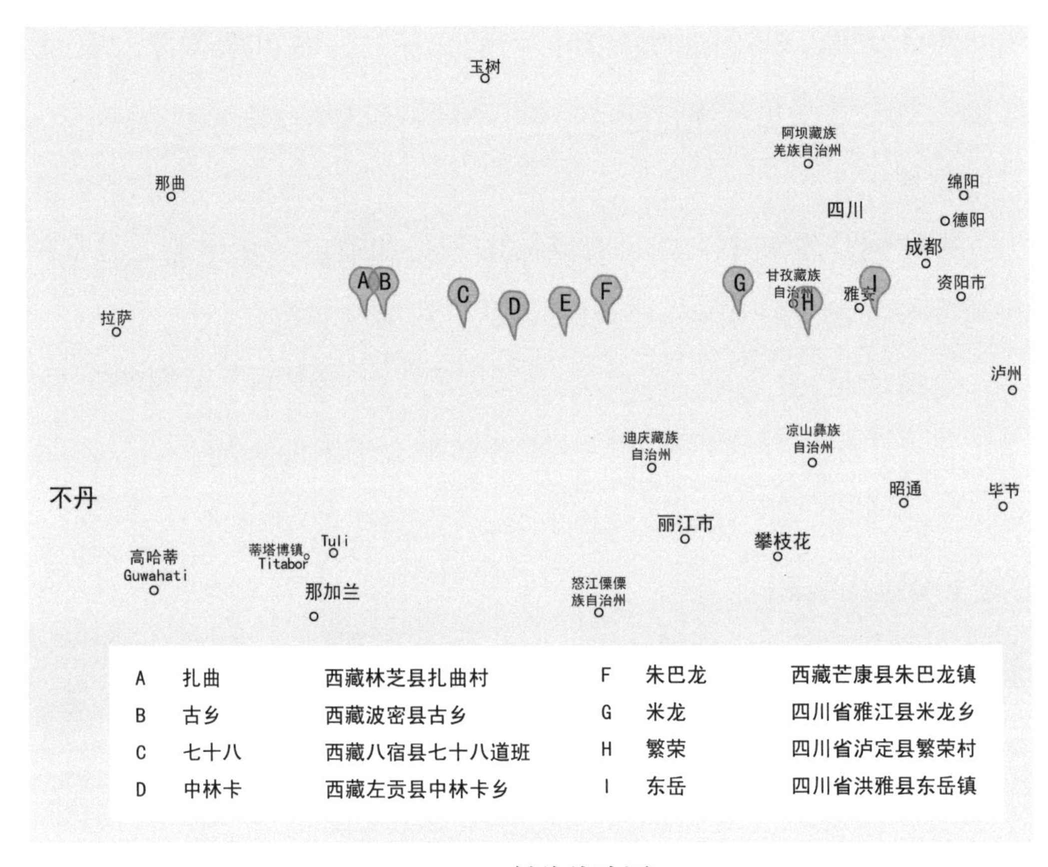

图39　**6号线线路图**

说明：

6号线串联了八条江河，其中帕隆藏布江是雅鲁藏布江的支流，雅砻江是金沙江的支流，大渡河是岷江的支流。

（六）6号线隧道距离

扎曲　　　　0千米

古乡　　30 千米
七十八　　120 千米
中林卡　　80 千米
如美　　70 千米
朱巴龙　　70 千米
米龙　　100 千米
繁荣　　50 千米
东岳　　100千米
全程合计　　620千米

（七）6号线作业点地面海拔

作 业 点	地面海拔（米）	所处河流	作 业 点	地面海拔（米）	所处河流
扎曲	1 580	雅鲁藏布江	朱巴龙	2 480	金沙江
古乡	2 630	帕隆藏布江	米龙	2 530	雅砻江
七十八	4 200		繁荣	1 100	大渡河
中林卡	2 540	怒江	东岳	500	岷江
如美	2 630	澜沧江			

说明：

a. 扎曲—东岳，隧道海拔落差1 080米。隧道平均每千米下降1.5米。

b. 6号线上的任一条河流的海拔都高于岷江海拔，任一条河流的洪水，只要需要，都可以漏入6号线，流入岷江。

c. 枯水期，6号线停止从雅鲁藏布江调水，但可以调怒江水库所蓄洪水，关闭怒江中林卡的西侧闸门，怒江洪水东流，再关闭金沙江朱巴龙的东侧闸门，怒江洪水便从倒虹吸隧道中喷出，流入金沙江。澜沧江的洪水不需额外作业，自然与怒江洪水一起流入金沙江。这个办法实施，为金沙江洪水北调提供了有利条件。

（八）6号线作业点经纬度

扎曲	29度52分14.64秒	北纬
	95度07分42.38秒	东经
古乡	29度54分28.95秒	北纬
	95度26分38.92秒	东经
七十八	29度46分18.98秒	北纬
	96度42分26.61秒	东经
中林卡	29度34分09.07秒	北纬
	97度33分20.58秒	东经
如美	29度38分22.09秒	北纬
	98度20分58.78秒	东经
朱巴龙	29度46分29.97秒	北纬

	99度00分36.84秒	东经
米龙	29度50分17.83秒	北纬
	101度05分47.13秒	东经
繁荣	29度35分14.27秒	北纬
	102度10分29.81秒	东经
东岳	29度50分04.65秒	北纬
	103度15分30.64秒	东经

【参阅图40、图41】

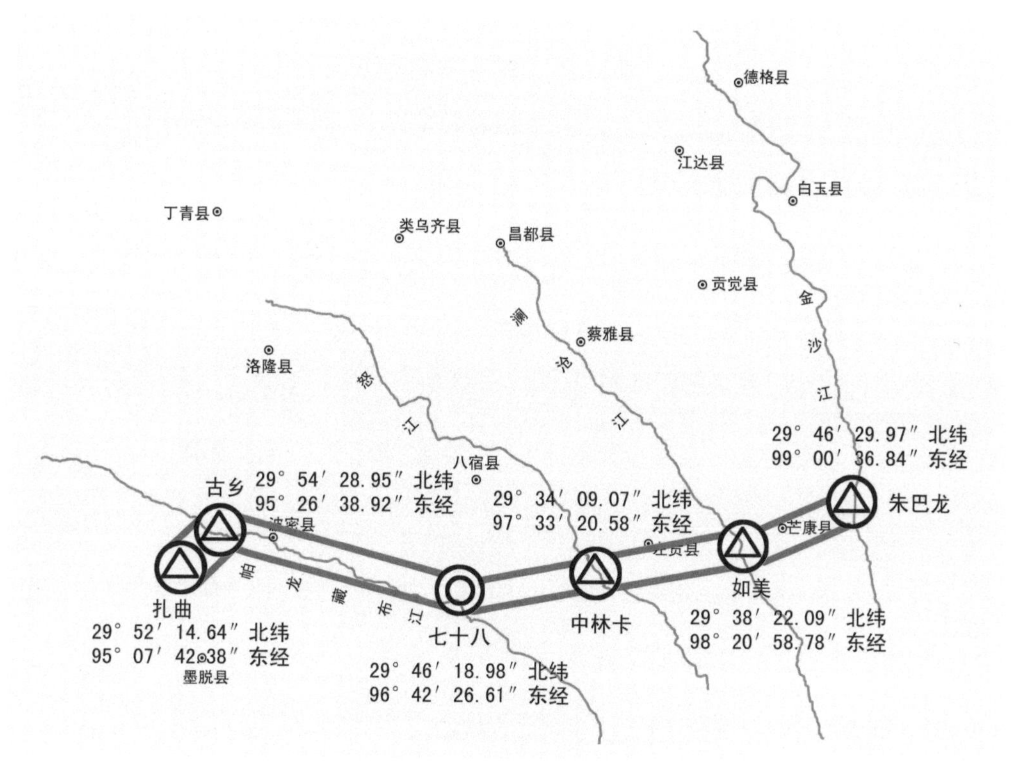

图40　**6号线经纬图（1）**

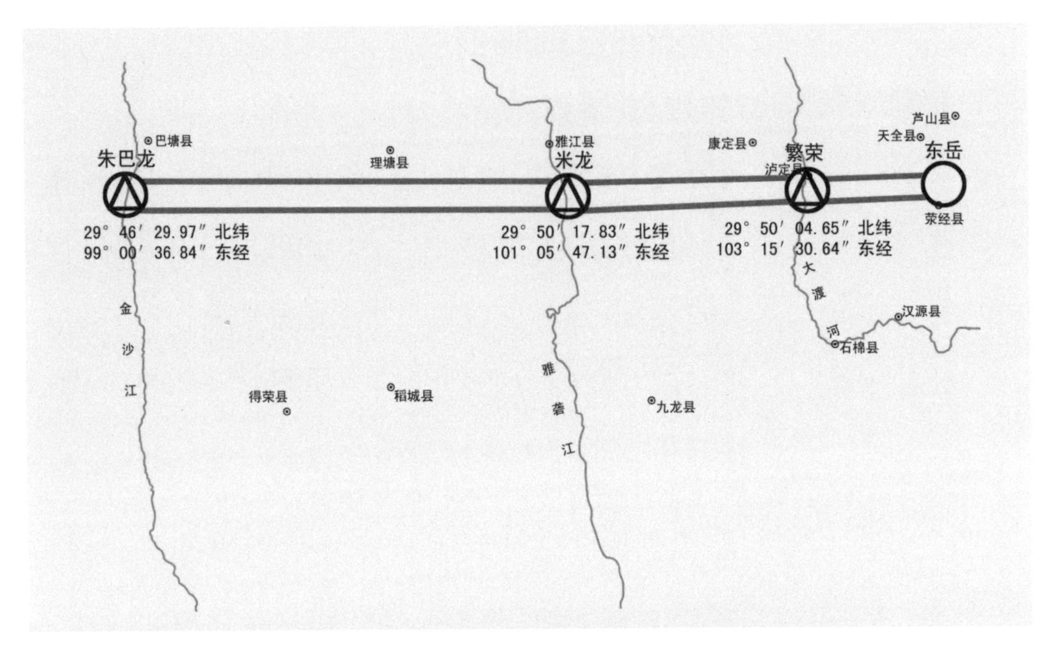

图41　**6号线经纬图（2）**

（九）6号线的分段开发

6号线整体设计，逐步开发。

第一段　古乡（海拔2 630米）至朱巴龙（海拔2 480米），两地隧道长340千米，海拔落差150米。帕隆藏布江、怒江和澜沧江的洪水一起漏入6号线，流入金沙江，为金沙江上游之水北调创造了有利条件。

可调水量：帕隆藏布江150亿立方米，限于6、7、8、9、10、11月的6个月内的洪水；怒江100亿立方米，限于5、6、7、8、9、10月的6个月之内的洪水。两江合计可调洪水量不少于250亿立方米，不包括澜沧江的洪水。

造价：隧道长340千米，每千米造价3亿元，合计造价1 020亿元。

第二段　朱巴龙—繁荣，隧道长150千米，朱巴龙海拔2 480米，繁荣海拔1 100米。第一段与第二段联合调水，隧道合计长度490千米，全程海拔（古乡2 630米，繁荣1 100米）落差1 530米。可调水量250亿立方米，与金沙江分享。但海拔落差大，可优先调入大渡河，汇入岷江。当然，也可人工控制，优先调入金沙江。

第二段建成后，为岷江之水北调创造了有利条件。造价：隧道长150千米，每千米造价3亿元，合计造价450亿元。

第三段　繁荣—东岳，隧道长100米，东岳海拔500米，为从雅鲁藏布江调水准备了低海拔的必要条件。

造价：隧道长100千米，每千米造价3亿元，合计造价300亿元。

应特别注意：第一、第二和第三段，三段应该尽早连续建造，防止隧道被砂石堵塞。当然每一个入水口应特别设计，以防止砂石的流入。

第四段　古乡—扎曲，隧道长30千米，单向作业，各方面条件异常艰难，要解决的都是世界难题。

扎曲隧道入水口自动调整：设定水位海拔1 570米为枯水期，不能调水，设定水位海拔1 575米为平水期，可协商调水；设定水位海拔1 580米为洪水期，可尽量调水。

（十）6号线隧道的技术指标

6号线隧道直径15米以上，全部国产。

隧道防震。目前已建隧道可防6级地震，应该能进一步提高。

隧道坡度平稳。隧道全长620千米，主调雅鲁藏布江之水的入水口海拔1 580米，终点东岳海拔500米，隧道平均每千米下降1.5米。隧道埋深度大约4 000米，是世界之最。

（十一）6号线造价

隧道全长620千米，每千米造价3亿元，合计1 860亿元，加上其他费用140亿元，总共合计造价2 000亿元。

东岳可建造水电站，费用另计。

（十二）面临的困难

西藏之水北调，道路遥远，山高路险，缺氧，寒冷，隧道埋深度超过3 000米，等等，考验着我们的勇气和智慧。

（十三）对孟加拉国的影响

西藏之水北调对孟加拉国有利而无害。

位于下游的孟加拉国贾木纳河，每年雨季，雅鲁藏布江的洪水、恒河的洪水流入，加之印度洋的季风吹来暖湿气流所形成的暴雨，造成河水暴涨，年年给孟加拉国带来水灾。最惨痛的当数1987年7、8月，孟加拉国经历了最大的一次水灾。短短两个月，孟加拉国64个县中有47个受到洪水的袭击，造成2 000多人死亡，2.5万头牲畜被淹死，200多万吨粮食被冲走，2万千米道路、772座桥梁被毁坏，千万间房屋倒塌，大片农作物受损，受灾人口2 000万。孟加拉国灌溉、水利发展和防洪部长说：如果我们和印度、尼泊尔能在有效利用本地区水资源，即在冬季增加河水流量，在雨季控制洪水这些问题上达成协议的话，我们本来可以减轻在这里发生的洪灾的严重程度的。这次水灾给人民带来的不仅是贫困、饥饿，同时也造成了严重的环境危机，各种疾病流行，约有80万人得了痢疾。如何摆脱水灾，已成孟加拉国面临的一大难题。

贾木纳河最大流量每秒300万立方米，是世界之最。河漫滩宽56—64千米，也是世界之最。单从这两个数据就能判断，河两岸极易发水灾。

中国从雅鲁藏布江调出洪水，孟加拉国一定会同意。

（十四）对下游其他国家的影响

中国从雅鲁藏布江调出洪水，对下游国家有益无害。

首先，实现同饮一江水的中国、印度和孟加拉三国共赢。

其次，有利于三个国家关系的发展，特别是中印关系。

第三，有利于三个国家的合作，进一步探讨对雅鲁藏布江、布拉马普特拉河和贾木纳河的综合利用与开发。

第四，中国在世界上为国际河流的合理利用、为人类造福树立了榜样,有利于中国提升大国形象。

（十五）对下游水量的影响

雅鲁藏布江出境年径流量大约1 600亿立方米，70%以上是洪水，中国每年可调洪水量不少于1 000亿立方米。印度的布拉马普特拉河年流量6 800亿立方米，中国调水1 000亿立方米，是洪水，少于印度的布拉马普特拉河年流量的15%。

十、大西线水库

利用大西线的有利地形，可建造大西线水库。在洪水期将洪水收集起来，蓄于海拔较高处，待枯水期放出，延长大西线的调水期。洪水期过后的洪水，价值就更高。以下是大西线水库的建造设想。

（一）帕隆藏布江古乡水库

大西线第一水库——帕隆藏布江古乡水库，可建于波密县古乡帕隆藏布江河道上。

帕隆藏布江主要源头是然乌湖，左边有两条支流，一条是曲宗藏布，另一条是波得藏布，流经古乡水库的年水量不少于100亿立方米。

6号线的最后开通段是古乡至扎曲村，未开通之前，古乡水库就可以发挥巨大的神奇作用：关闭繁荣东流闸门，西藏之水就能利用海拔的优势，7天内流入都江堰水库，15天内流入中线，送到北京；6号线全线开通后，同时关闭繁荣东流闸门和古乡西向闸门，巨大的神奇作用也可以照样发挥；除了快，调的水量也大，同时可以将怒江、澜沧江连同帕隆臧布的洪水调出，使洪水不白流。关键是利用好海拔的优势，有可能在未开通古乡至扎曲村之前，6号线就能完成年调水量400亿—500亿立方米。

帕隆藏布江古乡水库，河道底部海拔2 630米。水坝高20米，以不淹没318国道为原则。水坝长1 500米。

帕隆藏布江水库造价10亿元。

帕隆藏布江水库建造的目的:将帕隆藏布江的洪水挡入6号线。

【参阅图42】

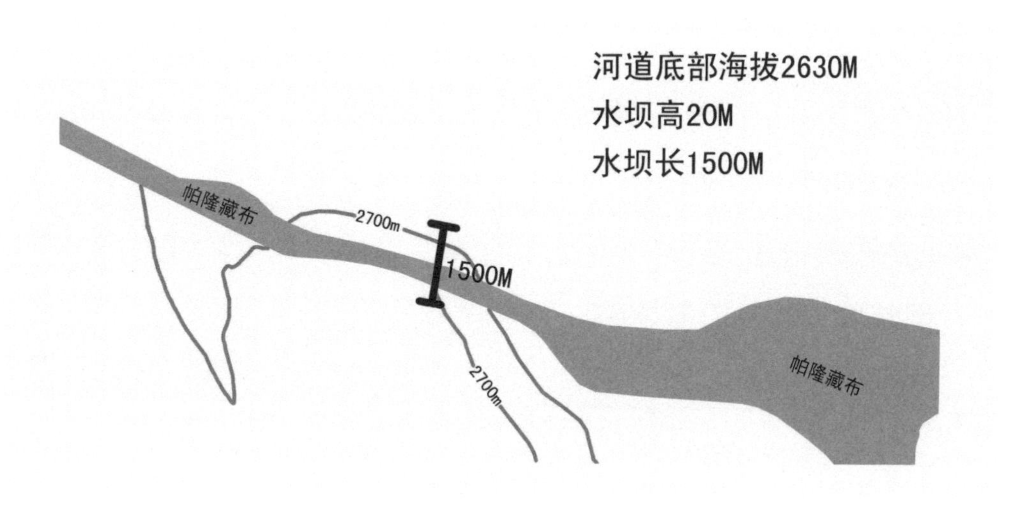

图42　帕隆藏布江古乡水库地形图

(二)怒江拥巴水库

大西线第二水库——怒江拥巴水库，可建于西藏八宿县拥巴乡的怒江河道上。

怒江可调洪水500亿立方米。

怒江发源于西藏唐古拉山南麓，流经中国西藏、云南和缅甸，最后注入印度洋的安达曼海。流经中国西藏和云南段称作怒江，长

2 000千米，流经缅甸段的称作萨尔温江，长1 200千米。两段相加，全长3 200千米。中国经云南出境的水量年700亿立方米，经缅甸注入印度洋的水量年2 500亿立方米。

缅甸属于热带多雨的国家，雨季6—10个月，有时提前或推后，但每年雨季不少于180天，中国在这180天的时期内可调洪水不少于500亿立方米。

中国不利用怒江的洪水，就白白浪费掉。这流入印度洋的2 500亿立方米太可惜了。

【参阅图43】

怒江拥巴水库可蓄水100亿立方米。

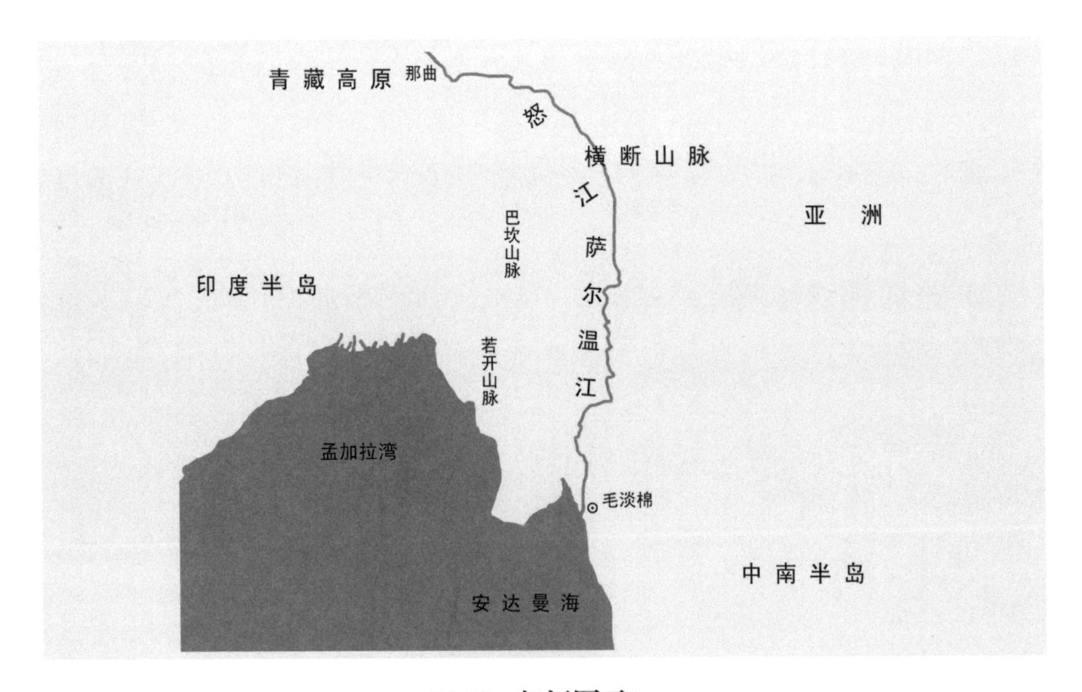

图43　**怒江图示**

怒江河道底部海拔3 080米。怒江拥巴水库坝高220米。水库坝长2 000米。水库长，拥巴—马利，60千米。水库平均宽1 500米、平均深110米。水库库容大约100亿立方米。

怒江拥巴水库大坝造价100亿元。

怒江拥巴可建造水电站，费用另计。

怒江拥巴水库建造的目的是：在旱季向2号线和3号线供水，确保2、3号线每年向黄河调水450亿立方米。

怒江拥巴水库年蓄水100亿立方米，剩余的洪水经中林卡流入6号线，年流入量不少于200亿立方米。

【参阅图44】

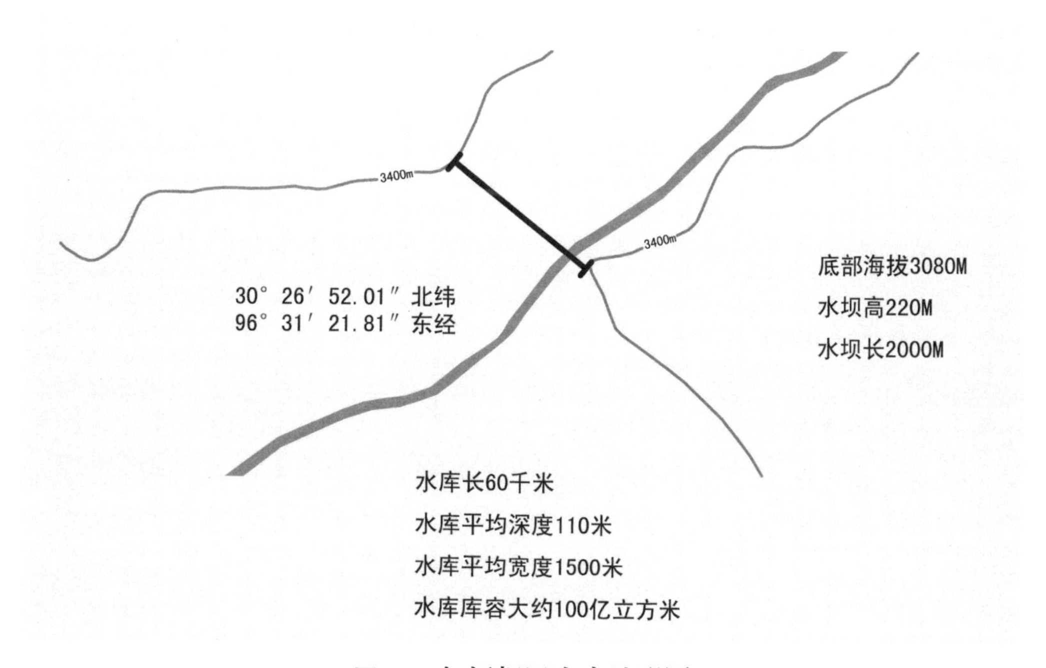

图44　**怒江拥巴水库地形图**

（三）怒江中林卡水库

大西线第三水库——怒江中林卡水库，可建于西藏左贡县中林卡乡的怒江河道上。

怒江年流出境水量700亿立方米，可调洪水490亿立方米，扣除怒江拥巴水库蓄水100亿立方米，剩余可调洪水390亿立方米，实际中林卡水库可以利用的水量大约每年250亿立方米。

怒江中林卡水库，河道底部海拔2 550米。水坝高250米，水坝长1 500米，水库长120千米。水库平均深度150米，水库平均宽度1 500米。水库库容大约250亿立方米。

怒江中林卡水库造价100亿元。

怒江中林卡水库建造的目的:将怒江剩余洪水挡入6号线，保证6号线有足够的水量可调；调节怒江枯水期的流量，保证怒江枯水期的流量正常。

【参阅图45】

（四）澜沧江如美水库

大西线第四水库——澜沧江如美水库，可建于西藏芒康县如美镇的澜沧江河道上。

根据2号线的设计，中国每年可以从澜沧江调洪水530亿立方米。扣除2号线从昌都年调水300亿立方米，余下230多亿立方米，实际

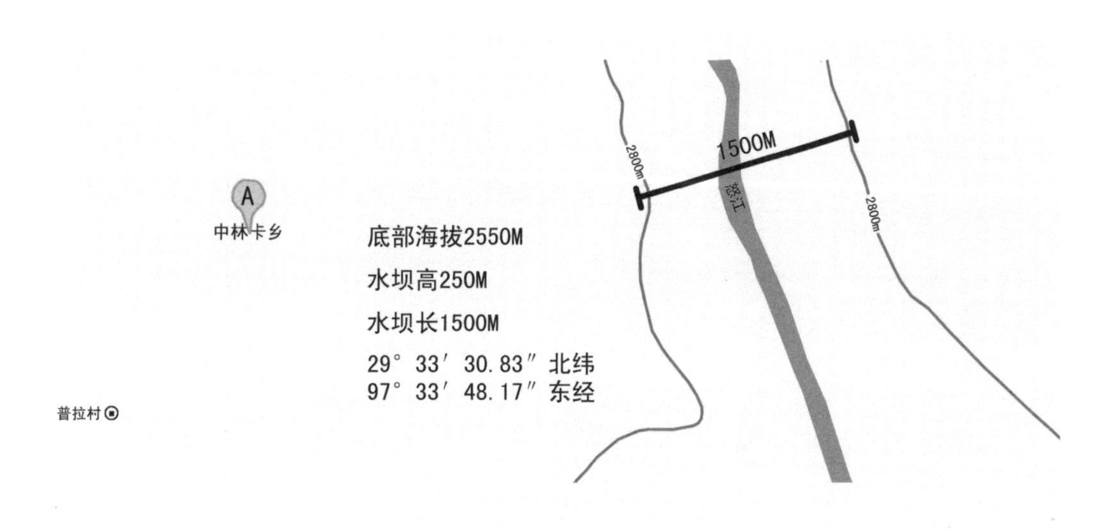

图45 **怒江中林卡水库地形图**

如美水库可利用的水量大约100亿立方米。昌都至如美的澜沧江段，多条河流流入澜沧江，例如麦曲、色曲、若曲，等等，水量极其丰富。

澜沧江如美水库，河道底部海拔2 630米。水坝高20米，水坝长1 000米，造价10亿元。

建造澜沧江如美水库的目的：将澜沧江上游剩余的洪水大约100亿立方米挡入6号线，保证6号线有足够的调水量；调节如美以下的澜沧江流量，保证其枯水期的正常流量。

【参阅图46】

（五）四个水库和6号线的巨大作用

6号线串联了雅鲁藏布江（包括帕隆藏布江）、怒江、澜沧江、

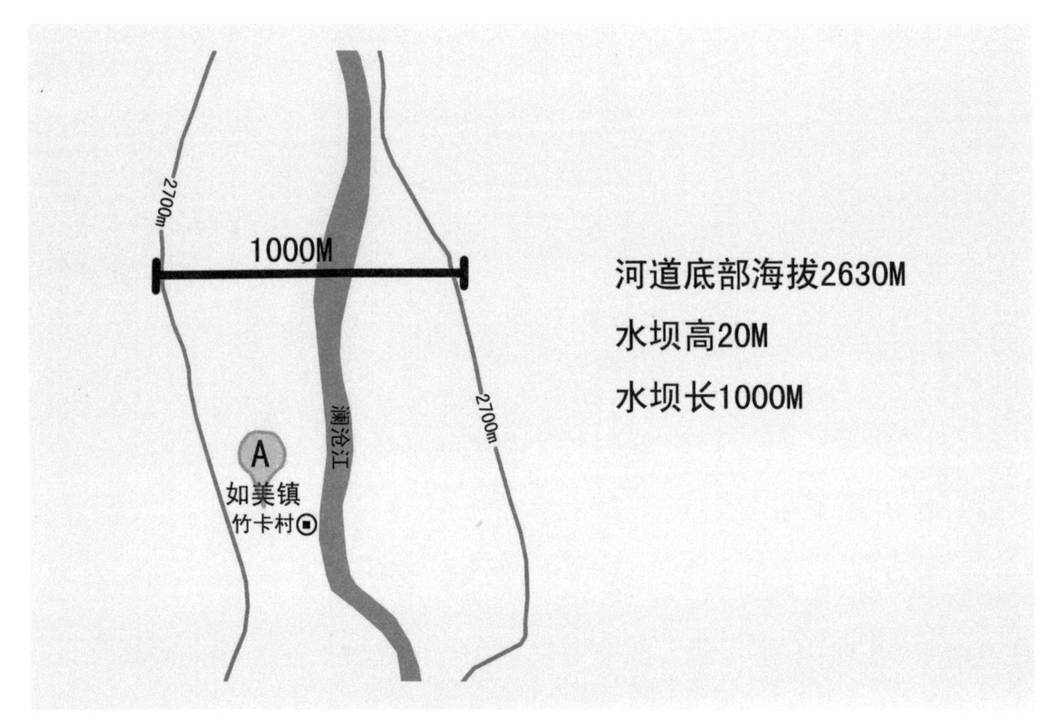

图46　澜沧江如美水库地形图

金沙江和岷江，在其最后30千米未开通之前，每年就能调洪水500亿立方米；在其最后30千米开通之后，每年至少可以调洪水1 000亿立方米。而没有这四个水库，这些设想就难以实现。

6号线的全程海拔落差大，最容易快速将水逼入终点东岳，流入岷江。岷江水量充足，为1号线从岷江的支流大渡河调水提供了保证。

这个办法是：关闭古乡西向闸门，帕隆藏布江古乡水库、怒江中林卡水库和澜沧江水库，三个水库同时联动，将三江之水逼入6号线，流向终点东岳。当然，不关闭6号线古乡西向闸门，目的也能实现，就是慢点。

同时关闭6号线古乡西向闸门和朱巴龙东向闸门，帕隆藏布江水库、怒江中林卡水库和澜沧江水库，三个水库同时联动，将三江之水逼入金沙江中游，为3号线从金沙江上游调水提供有利条件。

怒江拥巴水库蓄洪100亿立方米，待枯水期流入2号线，为2号线从澜沧江调水提供保证。

8号线开通后，根据需要，可关闭大渡河上繁荣的东流闸门，6号线的水流入8号线，雅鲁藏布江（包括帕隆藏布江）、怒江、澜沧江、长江（包括金沙江、雅砻江、大渡河、嘉陵江、汉江），直到中线（包括淮河、海河），全部连通，直达北京。

四个水库，加强了1、2、3号线南水北调的能力。1号线从雅砻江、大渡河年调水100亿立方米；2号线从怒江、澜沧江年调水300亿立方米；3号线从金沙江年调水150亿立方米。三条调水线合计每年调水550亿立方米。

十一、7 号 线

1、2、3号线可向黄河每年调水550亿立方米，必须及时调用，防止浪费。洪水蓄而不用，等于钱储蓄在银行却没有得到利息。

建造7号线，向缺水的新疆、甘肃河西走廊和内蒙古送水，每年300亿立方米。

【参阅图47】

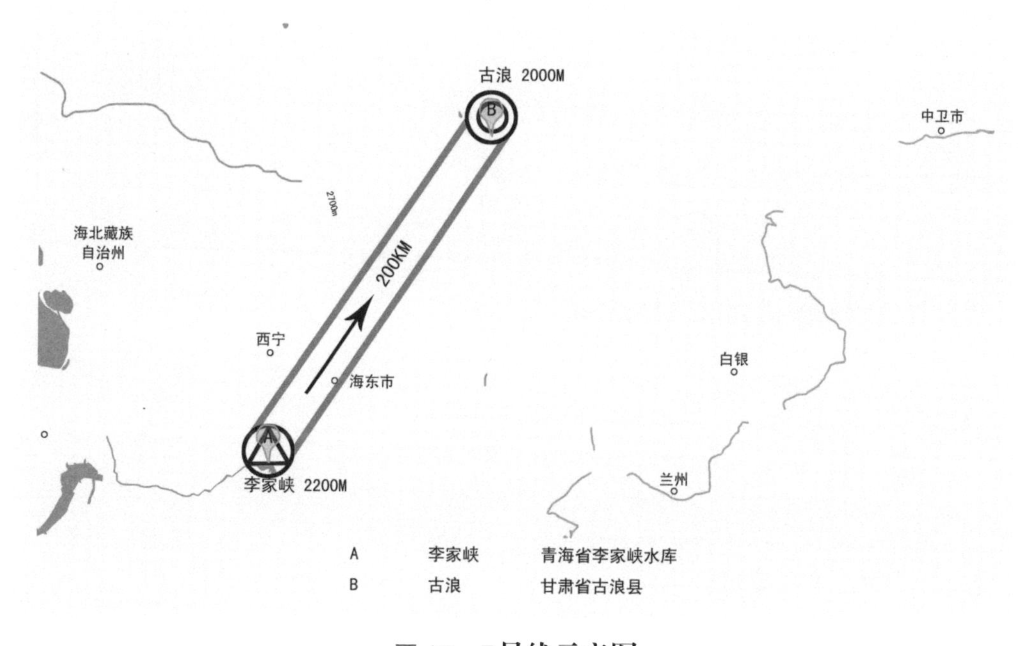

图47 **7号线示意图**

（一）7号线线路

李家峡　青海省李家峡水库

古浪　　甘肃省古浪县

（二）7号线作业点地面海拔

李家峡　2 200米

古浪　　2 000米

（三）7号线隧道距离

李家峡—古浪，200千米

（四）7号线隧道的技术指标

直径15米，防6级以上地震。隧道平均每千米下降1米。

（五）调水的有利条件

李家峡水库库容16亿立方米，龙羊峡水库库容146亿立方米，两个水库为7号线调水提供了缓冲时间，增大了调水能力。

（六）7号线的造价

7号线的造价620亿元。

7号线的隧道，长200千米，每千米造价3亿元，合计造价600亿元。其他费用20亿元。

十二、甘新运河

7号线为甘肃西部、新疆和内蒙古送来每年300亿立方米的水量，可分配200亿立方米流入河西走廊西部和新疆东部。

建造甘（甘肃）新（新疆）运河，每年调水200亿立方米。

【参阅图48、图49】

（一）甘新运河线路

古浪　　甘肃省古浪县

板桥　　甘肃省临泽县板桥镇

玉门　　甘肃省玉门市

西湖　　甘肃省瓜州县西湖乡

鲢鱼山　新疆哈密盆地

（二）甘新运河各点距离

古浪　　0千米

板桥　　400千米

玉门　　400千米

西湖　　（利用疏勒河原有河道）

鲢鱼山　300千米

全程挖掘河道1 100千米。

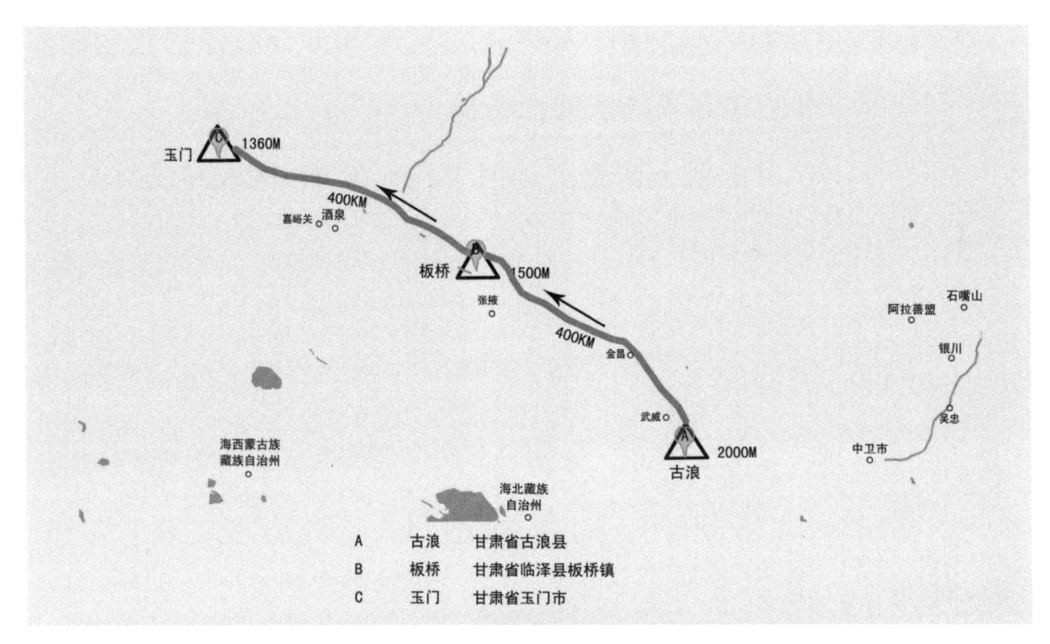

图48　甘新运河示意图

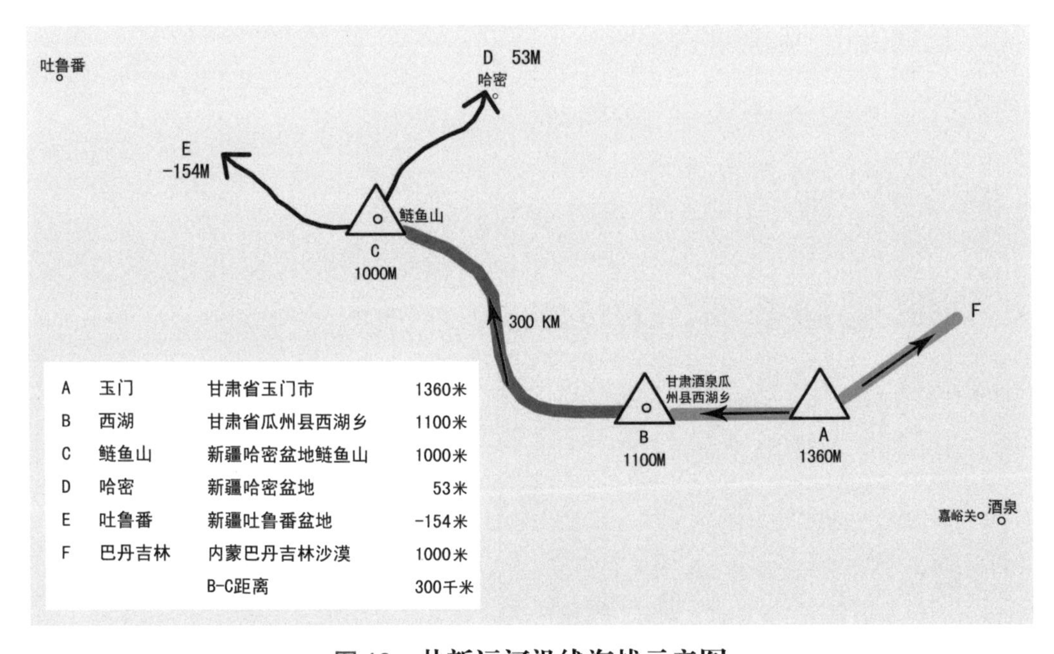

图49　甘新运河沿线海拔示意图

（三）甘新运河关键作业点海拔

作业点	地面海拔（米）	作业点	地面海拔（米）
古浪	2 000	西湖	1 100
板桥	1 500	鲢鱼山	1 000
玉门	1 360		

（四）甘新运河开掘的土方量

长　　1 100千米

宽　　60米

深　　6米

合计39.6亿立方米。

（五）甘新运河的造价

每立方米40元，39.6亿立方米，合计费用1 584亿元，加上其他费用16亿元，总共合计1 600亿元。

（六）分段实施规划

甘新运河的建设分阶段逐步实施。

第一段，古浪—板桥，长400千米，挖掘的河道多山石，费用600亿元。水可迅速分流，流入腾格里沙漠和巴丹吉林沙漠。

第二段，板桥—玉门，长400千米，挖掘的河道多平地，费用400亿元。水可自流入下列河流：黑河，马营河，丰乐河，观山河，北大河，白杨河，石油河，昌马河，北石河子河，疏勒河，灌溉了河西走廊，并且每条河流的水量，使河西走廊永不缺水，永无水灾。

【参阅图50】

第三段，玉门—西湖，长80千米，利用原有河道疏勒河，不用挖掘。西湖—鲢鱼山，长300千米，挖掘的河道多山地，山沟纵横，费用高，算作600亿元。

鲢鱼山—哈密方向，不用挖掘河道，只需打开分流闸门，水顺

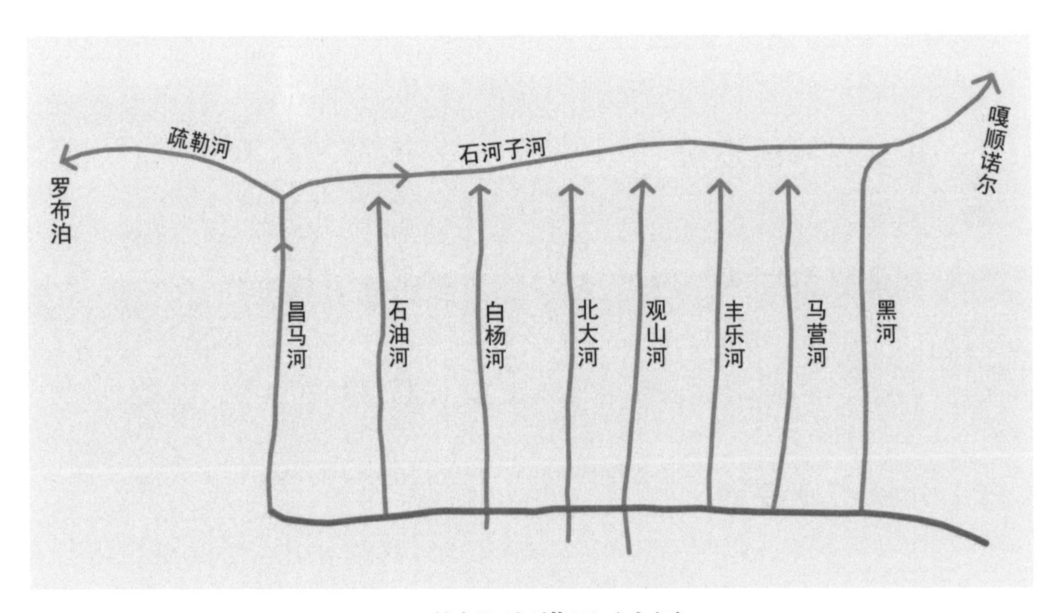

图50　**甘新运河灌溉示意图**

着地势，自流入哈密盆地，海拔53米。鲢鱼山—吐鲁番方向，不用挖掘河道，只需打开分流闸门，水顺着地势，自流入吐鲁番盆地，海拔-154米。如果沿着盆地的盆壁，顺着地势挖掘河道，哈密盆地和吐鲁番盆地将能得到更好的灌溉。

（七）甘新运河的效益

第一段，每年分配水量100亿立方米，从多个闸门放水，顺着地势流入腾格里沙漠。腾格里沙漠是我国第四大沙漠，面积3.67万平方千米，沙漠中有400多个淡水小湖，小湖周围分布牧场。每年100亿立方米的水，将使多个淡水小湖联通，小牧场将变成大牧场，沙尘减少，移动的沙丘将逐步固定，生态将大大改善。

第二段，每年分配水量100亿立方米，向十多条交汇的河流按需放水，并能用闸门有效调控每条交汇河流的水量，使其减少旱灾，没有水灾。河西走廊西部不缺水，沙漠化减轻，土地增加，年年丰收。与甘新运河交汇的河流十多条，最后都流入巴丹吉林沙漠深处，汇入嘎顺诺尔湖。巴丹吉林沙漠是我国第三大沙漠，面积4.7万平方千米，沙漠里人烟稀少，每平方千米不到1人，有1万多平方千米无人区。巴丹吉林沙漠与腾格里沙漠连成一体，两个沙漠合起来近8万平方千米，是沙尘暴的主要沙源，风吹沙起，飞向我国东部地区，影响环境。甘新运河将向巴丹吉林沙漠和腾格里沙漠大量输水，对治理沙漠，改善环境，将产生重大影响。

第三段，每年分配水量100亿立方米，25亿立方米给哈密盆地，25亿立方米给吐鲁番盆地，25亿立方米给罗布泊，余下25亿立方米机动使用。

新疆有水经济起飞。东疆有水，水果可供应全中国、全欧洲，哈密盆地和吐鲁番盆地最适合种水果。中欧高铁将为其创造有利条件。

甘新运河之水经玉门西流，流入疏勒河，顺着原有古河道，直达罗布泊，连通了新疆至黄河的水上交通。

不必担心水被大量蒸发。甘新运河之水蒸发后，空中遇冷，变成雨雪，将落入周边的祁连山、阿尔金山、天山，对周边的生态和环境将有所改善。

十三、甘蒙运河

每年分配100亿立方米的水给腾格里沙漠，利用甘新运河河西走廊的有利地势，向北放水，经内蒙古磴口县，注入黄河。

每年100亿立方米的水，从三个口子北流，利于水量调控，利于扩大灌溉面积。

【参阅图51、图52】

（一）东部放水

从古浪县北侧，海拔1 900米，向东北方向放水，然后向北，再向北，水顺着地势，在大漠中左右冲突，任其自流，形成河道，直达乌兰布和沙漠，海拔1 300米，连通黄河，海拔1 050米。

东部放水，自流河全长700千米，称作甘蒙东运河。甘蒙东运河，灌溉腾格里沙漠东部，大漠将变成绿洲。

（二）中部放水

从古浪县北侧，海拔1 900米，向民勤灌溉总渠放水，经过民勤县城东侧外河，海拔1 370米，流入乌兰布和沙漠，海拔1 300米，连通黄河，海拔1 050米。中部放水，自流河全长800千米，称作甘蒙中运河。甘蒙中运河，灌溉腾格里沙漠中部和乌兰布和沙漠，同时增加了甘蒙运河的下游水量，减轻了甘新运河的输水压力。

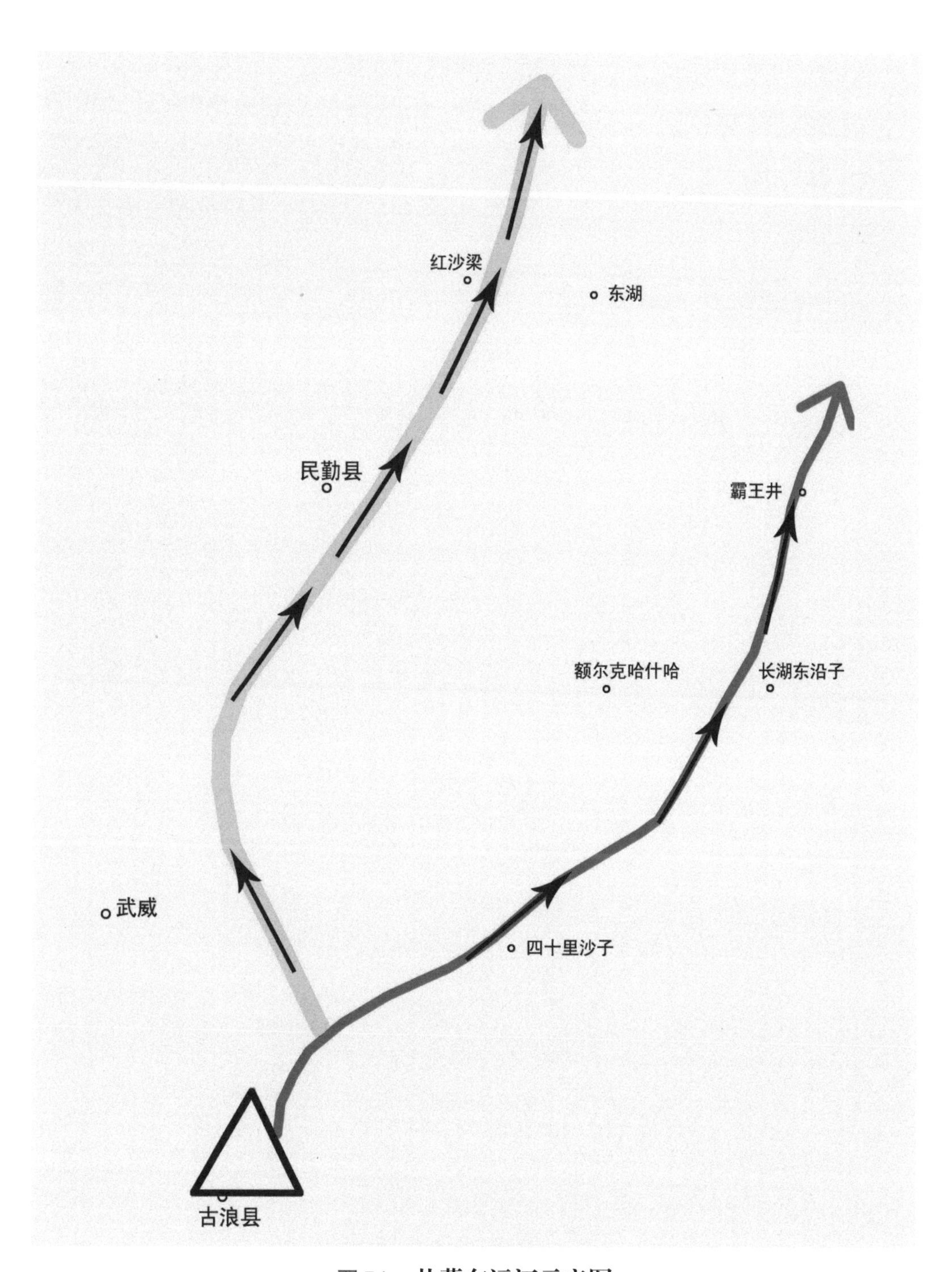

图51 甘蒙东运河示意图

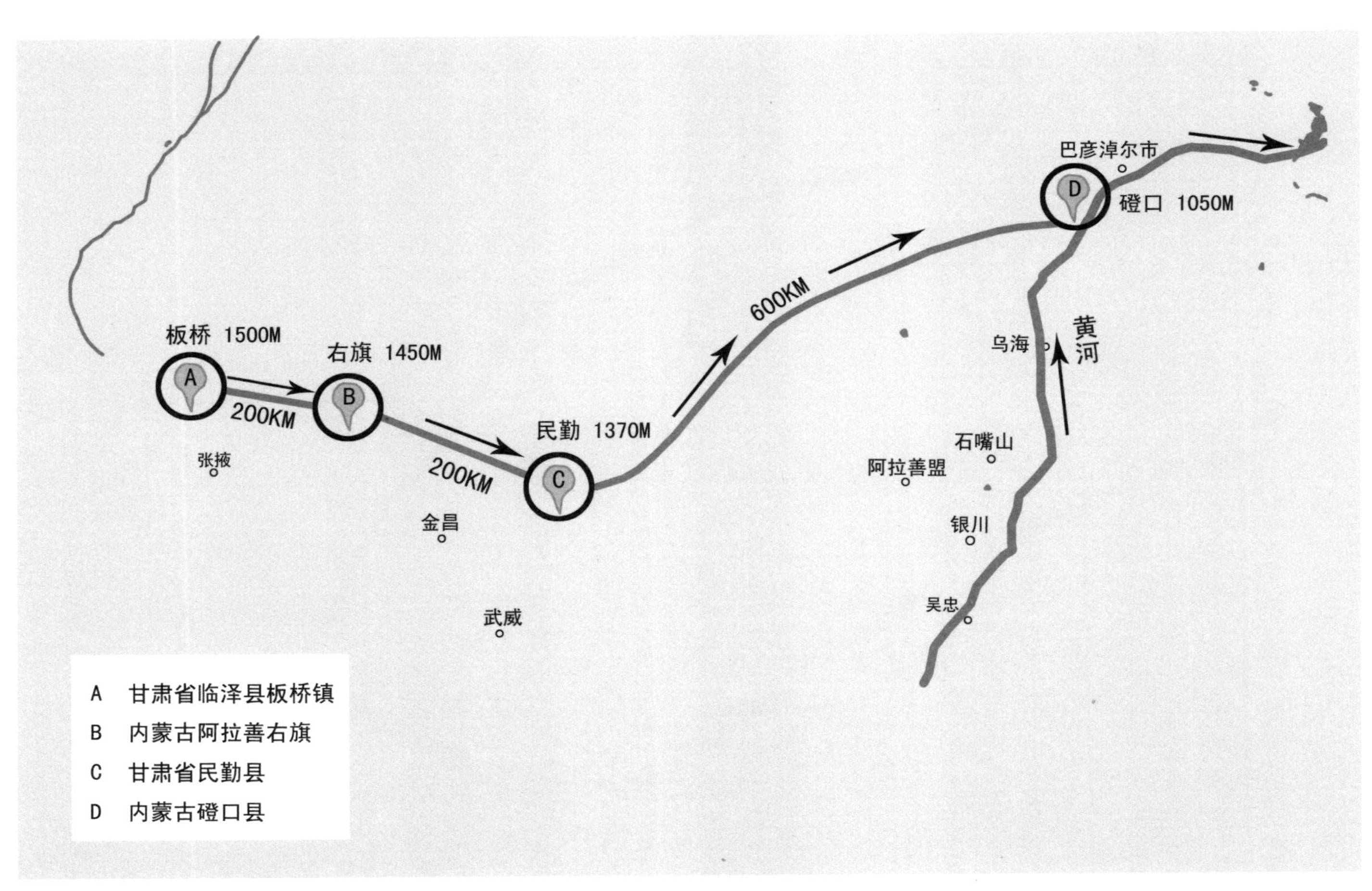

巴彦淖尔市
磴口 1050M
600KM
黄河
乌海
石嘴山
阿拉善盟
银川
吴忠
板桥 1500M
A
200KM
右旗 1450M
B
200KM
民勤 1370M
C
D
张掖
金昌
武威
A 甘肃省临泽县板桥镇
B 内蒙古阿拉善右旗
C 甘肃省民勤县
D 内蒙古磴口县

图52 **甘蒙运河地形图**

（三）西部放水

从甘新运河的板桥，海拔1 500米，向东侧放水，任其自流，流经阿拉善右旗，海拔1 450米，流经民勤县城，海拔1 370米，流入乌兰布和沙漠，海拔1 300米，连通黄河，海拔1 050米。

西部放水，板桥—民勤—磴口，自流河全长1 000千米，西北流向，穿越巴丹吉林沙漠南端、腾格里沙漠和乌兰布和沙漠，称作甘蒙运河。

甘蒙运河，沿途灌溉，沙漠将变成绿洲。

甘蒙运河，最大作用是连通了甘新运河和黄河，为新疆直达沿海的水路运输创造了有利条件。

十四、8 号线

8号线，必须通过汶川—松潘地震带。

2008年汶川8级地震，真是骇人！

2008年汶川8级地震，2013年芦山7级地震都发生在松潘地震带上，估计在以后的100年中，这个地区不会再发生大地震。50年代的墨脱大地震，70年代的炉霍大地震和唐山大地震，以后的几十年过去了，直到今天，都没有再发生大地震，连小地震也没有。

当然，大地震对隧道调水线威胁很大，一旦发生，容易造成大灾大难。我们必须加倍小心预防。

如何预防？

第一，8号线全部采用倒虹吸和正虹吸建造。如果隧道震毁，隧道的水闷在地下，即使冒出地面，水量也有限。

第二，8号线的隧道，由7条倒虹吸隧道组成，每一条隧道的底部要平直，在同一个海拔高度上。平，保证地震发生时水无法流向低处，只能向上冒出。冒出，上有50米以上的山石压顶，能冒出的水是很有限的。水不能冒出，闷在隧道内，隧道没有空隙，就是一个实体，比虚体更能抗震。直，便于水的畅流。7条倒虹吸隧道，不在同一个深度层，即使发生地震，多米诺骨牌效应也比较轻。

第三，8号线倒虹吸隧道的下行和上行隧道，均为圆体隧道井，比斜体更能抗震。

第四，8号线的倒虹吸隧道，从地下花岗岩层通过，有利于抗震。

第五，建造空水道。万一发生地震，震毁隧道，待地震停止后，打开空水道出口，放空倒虹吸隧道内的余水，便于维修。空水道是必须的，要定期放水，冲刷隧道内的积淀物。

第六，建造抗水坝。万一发生地震，隧道震毁，大水冒出，及时关闭抗水坝的闸门，为避险赢得时间。

8号线通过汶川，山高路险，地质条件复杂，挖掘隧道，是极其艰巨的。

但是，科技不断进步，科技发展产生巨大的生产力，一定能战胜挖掘隧道中的所有困难。

8号线与6号线相衔接，大西线水网连通。

大西线水网，连通了雅鲁藏布江（包括其支流帕隆藏布江），长江和长江的支流金沙江、岷江（包括大渡河）、嘉陵江（包括涪江和白龙江）、汉江，淮河，黄河，海河，流入京津冀。

【参阅图53】

（一）8号线线路

繁荣　四川省泸定县繁荣村

紫石　四川省天全县紫石村

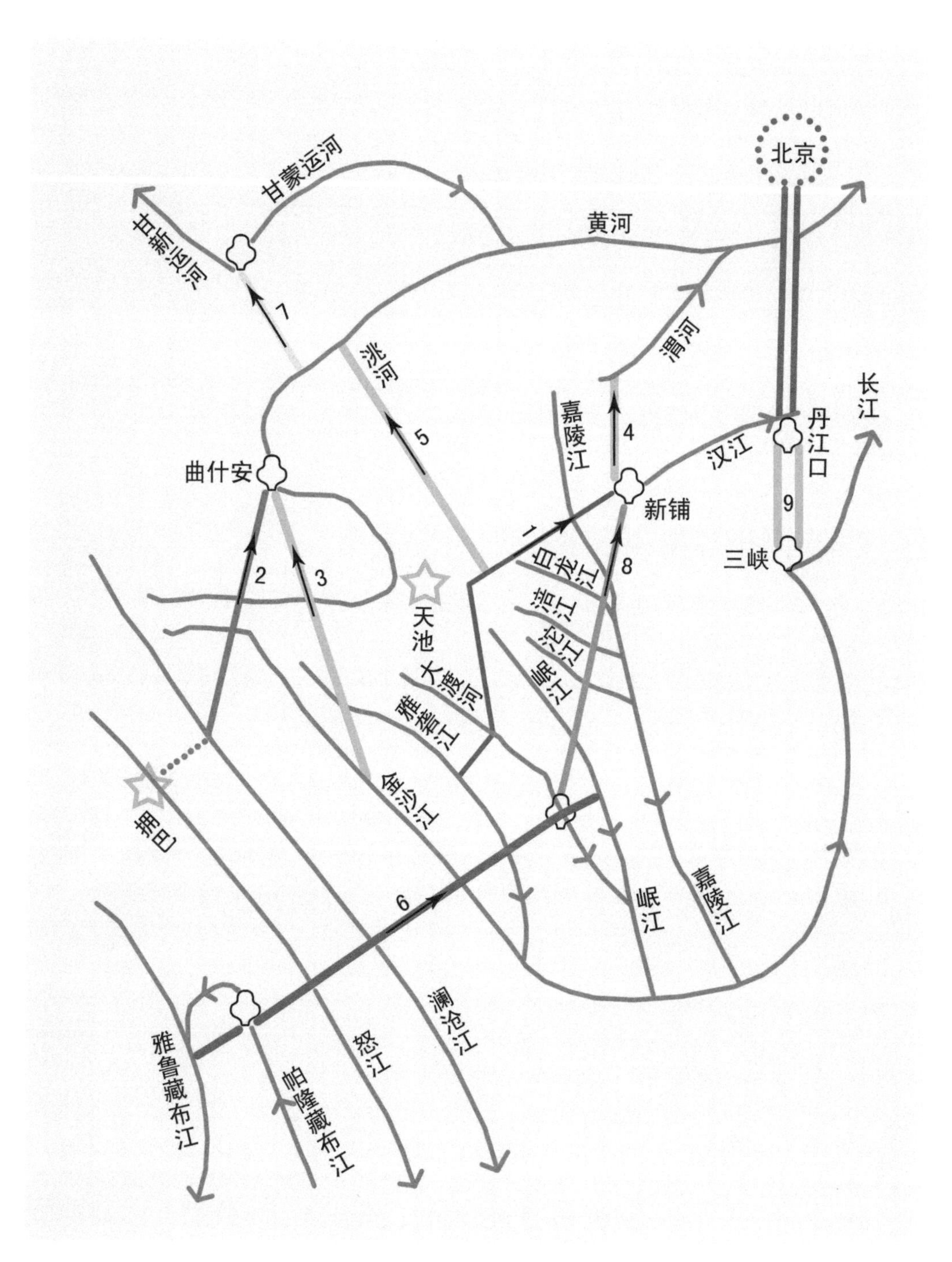

图53 **大西线水网示意图**

宝兴　四川省宝兴县

白花　四川省都江堰市白花村

葫豆　四川省都江堰市葫豆坪

擂鼓　四川省北川县擂鼓镇

南坝　四川省平武县南坝镇

金洞　四川省广元市金洞乡

新铺　陕西省勉县新铺镇

（二）8号线隧道距离

繁荣　0千米

紫石　70千米

宝兴　50千米

白花　100千米

葫豆　0千米

擂鼓　120千米

南坝　80千米

金洞　80千米

新铺　100千米

合计全长600千米。

【参阅图54】

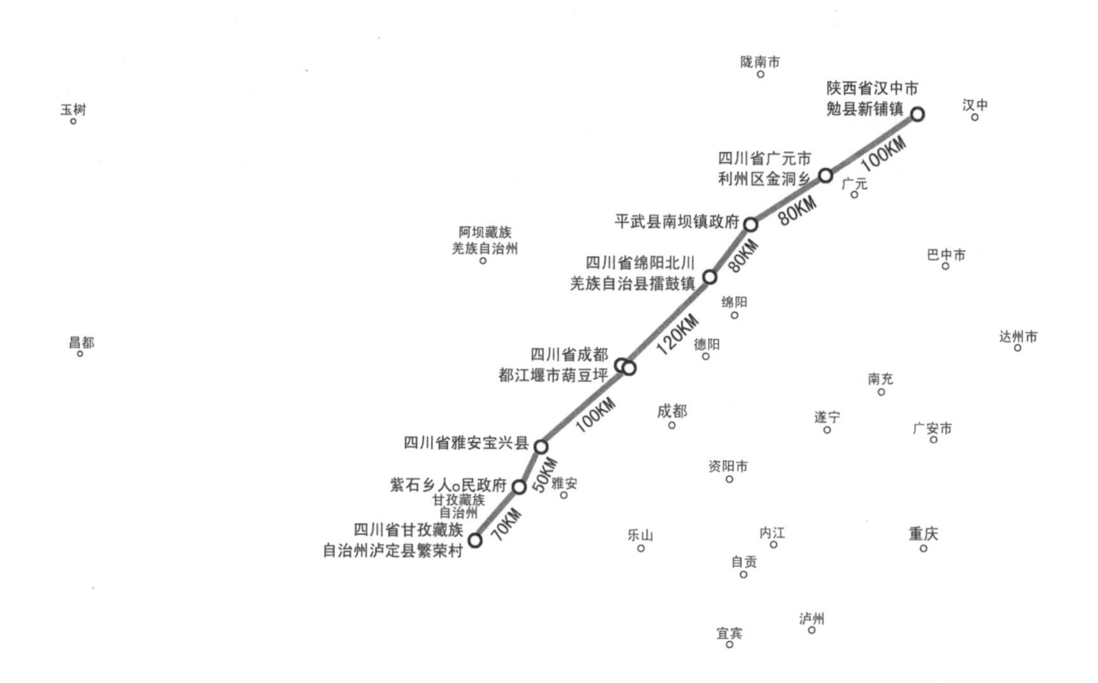

图54　**8号线各作业点分布图**

（三）8号线作业点地面海拔

作业点	地面海拔（米）	作业点	地面海拔（米）
繁　荣	1 100	擂　鼓	750
紫　石	980	南　坝	700
宝　兴	900	金　洞	650—1 000
白　花	800	新　铺	600
葫　豆	780		

【参阅图55】

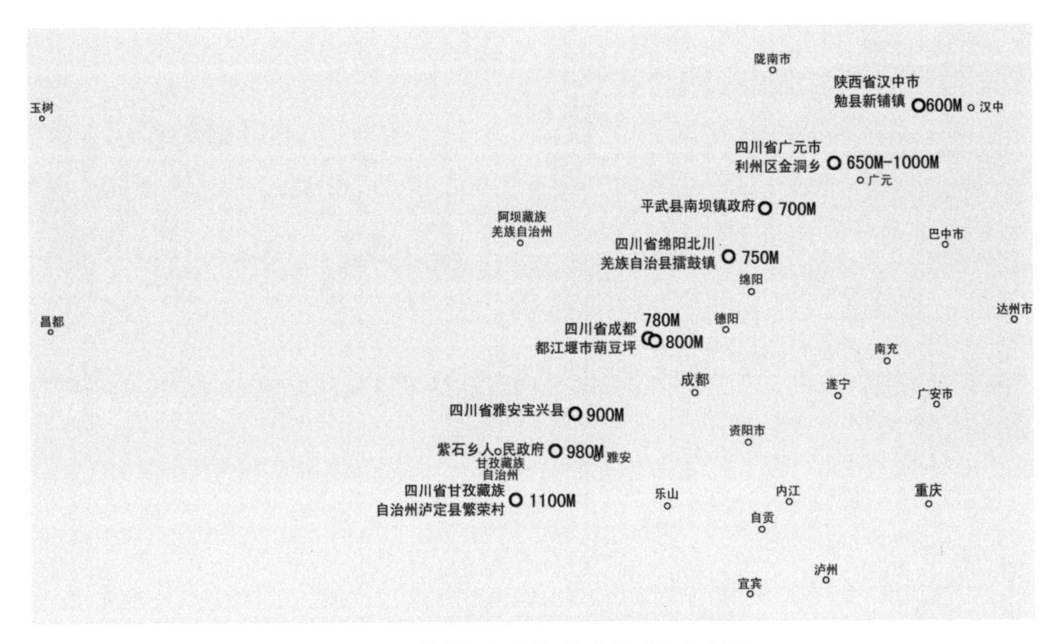

图55　**8号线地面作业点海拔示意图**

（四）8号线倒虹吸隧道底部海拔

繁荣—紫石　900米

紫石—宝兴　850米

宝兴—白花　750米

葫豆—擂鼓　700米

擂鼓—南坝　650米

南坝—金洞　600米

金洞—新铺　500米

【参阅图56】（白花、葫豆都在都江堰的湖边）

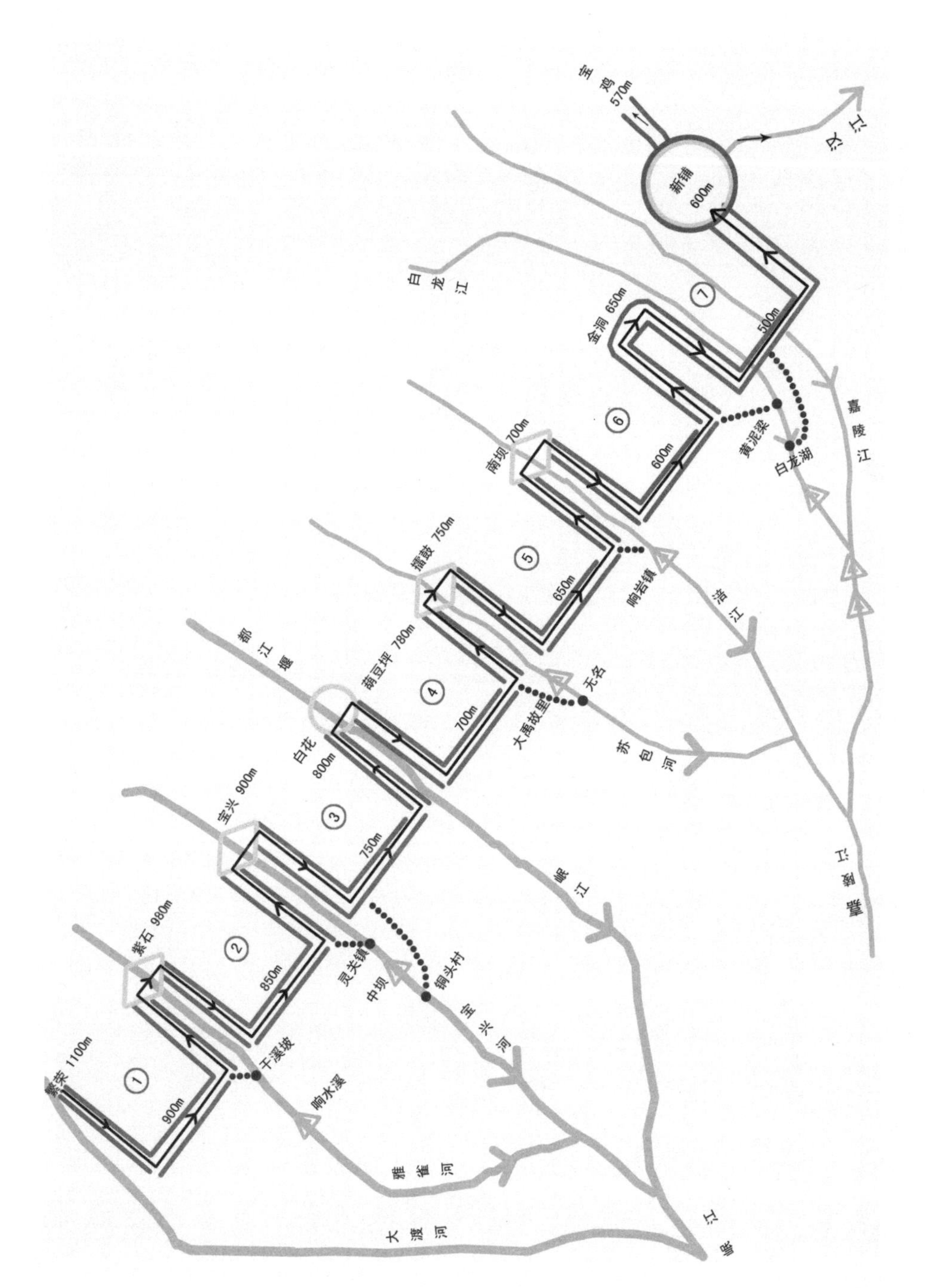

图56　8号线倒虹吸隧道底部海拔示意图

（五）8号线的空水道

繁荣—紫石，倒虹吸隧道底部（海拔900米）与鸦雀河最近处干溪坡（海拔900米），挖掘隧道作为空水道，长10千米，直径2米。

紫石—宝兴，倒虹吸隧道底部（海拔850米）与宝兴河最近处灵关镇（海拔800米），挖掘隧道作为空水道，长10千米，直径2米。

宝兴—白花，倒虹吸隧道底部（海拔750米）与宝兴河最近处铜头村（海拔700米），挖掘隧道作为空水道，长15千米，直径2米。

葫豆—擂鼓，倒虹吸隧道底部（海拔700米）与苏包河最近处（海拔690米），挖掘隧道作为空水道，长10千米，直径2米。

擂鼓—南坝，倒虹吸隧道底部（海拔650米）与涪江最近处响岩镇（海拔600米），挖掘隧道作为空水道，长10千米，直径2米。

南坝—金洞，倒虹吸隧道底部（海拔600米）与白龙江最近处黄泥梁（海拔500米），挖掘隧道作为空水道，长10千米，直径2米。

金洞—新铺，倒虹吸隧道底部（海拔500米）与白龙江最近处白龙湖（海拔490米），挖掘隧道作为空水道，长5千米，直径2米。

说明：空水道的出口必须牢牢关死。

（六）8号线的抗水坝

繁荣—紫石，在鸦雀河的响水溪建造抗水坝。

紫石—宝兴，在宝兴河的中坝建造抗水坝。

葫豆—擂鼓，在苏包河的大禹故里建造抗水坝。

擂鼓—南坝，在涪江的响岩镇建造抗水坝。

南坝—金洞，在白龙江的白龙湖抗水坝（已建成）。

金洞—新铺，在白龙江的白龙湖抗水坝（已建成）。

（七）8号线的可调水量

涪江年流量120亿—180亿立方米，每年洪水期经过涪江上的南坝流量不少于60亿立方米，8号线在南坝可从涪江调水不少于50亿立方米。

岷江年径流量900亿立方米，岷江干流流经都江堰，每年洪水期流经都江堰不少于300亿立方米，8号线可从都江堰调水不少于200亿立方米。

每年洪水期，8号线可从涪江和岷江调水量不少于250亿立方米，但是，每年洪水期只有100天，能力受限，来不及。要满足每年250亿立方米的调水需求，只能在枯水期从6号线调入。

怒江上的中林卡水库，每年蓄洪200亿立方米，枯水期调入8

号线，流入汉江和渭河，除了满足中线和渭河的水量，尚有剩余，能够保证8号线途经的河流永不缺水，永无旱灾。

（八）8号线隧道的建设规划

8号线隧道分阶段挖掘，逐步开通。

第一段，南坝—金洞—新铺，隧道长180千米，海拔落差100米，从涪江调水年50亿立方米，隧道造价大约540亿元。

第二段，都江堰—擂鼓—南坝，隧道长200千米，海拔落差80米，都江堰有洪水不少于250亿立方米，但隧道调水能力大约50亿立方米。隧道造价大约600亿元。

第三段，繁荣—紫石—宝兴—都江堰，隧道长220千米，海拔落差300米，平水期和枯水期，每年从6号线可调入100亿—250亿立方米。隧道造价660亿元。

（九）8号线的造价

8号线隧道直径15米，全部国产。隧道全长600千米，每千米造价3亿元，合计1 800亿元，加上其他费用200亿元，总共合计造价2 000亿元。

十五、9 号 线

从长江三峡水库挖掘一条隧道，直通丹江口水库，隧道长250千米，直径15米，引长江洪水自流入丹江口水库，为南水北调的中线和汉江下游供水。隧道简称为9号线。

（一）基础数据

1. 长江三峡水库大坝高185米，水库正常蓄水位175米，枯水期蓄水位170米，库容393亿立方米。长江年径流量大约1万亿立方米，洪水期流量占全年流量的70%，大部分作为洪水白白流入东海。洪水期到来之前，长江三峡水库必须提前放水，水位保持在160米以下。

长江洪水很难控制，长江三峡水库蓄水多了，怕造成洪灾；蓄水少了，又怕发电量减少，造成经济损失。

2. 丹江口水库大坝高176.6米，水库正常蓄水位170米，库容290亿立方米。丹江口水库以上的汉江，年水量大约260亿立方米，很难长期维持水库的正常蓄水位，很难保证中线调水的水量，也很难保证汉江下游的供水量。

丹江口水库的汉江水量很容易调控，汉江九级水库库容150亿立方米，需要时逐级向下游放水，不会发生洪灾。万一发生洪灾，丹江口水库大坝的泄洪道也可应对自如。

3. 比降十万分之一水自流，这是水自流的基本原理。根据这一原理，利用9号线的闸门调控，长江三峡水库的水可自流进入丹江口水库，丹江口水库的水也可以自流进入长江三峡水库。

（二）两大水库连成一体

9号线连通长江三峡水库和丹江口水库，两大水库连成一体，水量互相补充，洪水将得以充分利用。

1. 长江三峡水库正常水位175米，丹江口水库正常水位170米，两个水库落差5米，距离250千米，比降十万分之二，超过水自流的要求。正常情况下，关闭汉江九级水库的闸门，同时打开9号线的闸门，长江三峡水库的水就能自流入丹江口水库，保证丹江口水库达到正常水位170米，也就能保证丹江口水库向中线和汉江下游的调水量。

当长江三峡水库的水位低于170米时，丹江口水库的底部水量仍可得到长江三峡水库的补充；待到长江三峡水库无力向丹江口水库补水时，即可关闭9号线的闸门，同时打开汉江九级水库的闸门，丹江口水库的水位即可上升到170米。

2. 如果长江三峡水库水位低于丹江口水库水位5米，丹江口水库的水就自流进入长江三峡水库。大西线水网建成后，就能通过丹江口水库和9号线，为长江三峡水库补水。

（三）9号线的巨大作用

1. 9号线和汉江九级水库配合，丹江口水库的水位可恒定在170米，中线调水量可提高1倍，达到年调水量260亿立方米。

2. 9号线连通了中线，也就是连通了长江、淮河、黄河、海河，为东部水网建设提供了有利条件。

3. 9号线能够为长江三峡水库泄洪，同时洪水也是汉江下游和中线可以利用的水资源。

4. 9号线设计为双隧道，每条隧道的直径为15米，先开一条，然后视情况再开一条。两条隧道，将大大提升泄洪能力，同时也大大提升调水量。

5. 9号线双隧道，其中一条叉出，并设计两个开关，其中一个开关可使长江三峡水库直接向丹江口水库的汉江下游输水，丹江口水库尽量少为汉江下游输水，丹江口水库上游的汉江，年流量260亿立方米，全部自流进入中线。

6. 长江三峡大坝高185米，长江三峡水库正常水位为175米，将正常水位改定为180米。

丹江口水库大坝高176.6米，正常水位为170米，将正常水位改定为175米。

两个水库的水位都提高了5米，比降达到十万分之二，就能够确保中线调水量每年达到或超过260亿立方米。

即使长江三峡水库的水位不提高，或少提高，丹江口水库的水位单方面提高到175米，也是可以的，因为丹江口水库的水位受汉江九级水库的严格控制，不会出现泛滥。长江三峡水库的水位，只要能够确保安全，提高与否，可根据需要，随时变化，只要不低于175米，就能够确保中线调水量每年达到或超过260亿立方米。

7. 中线调水能力原设计方案为每年130亿立方米，主要是根据汉江的水量和丹江口水库的水位来确定的。

丹江口水库的水量大增，水位定在175米，比原先增加了5米，流速将增加1倍，流量也可能增加1倍，大约每年260亿立方米。

至于中线的输水渠道的输水能力，只要有足够水源，中线沿途缺水的当地政府和人民，就有积极性，就有好办法提高输水渠道的输水能力。

8. 9号线的设计，另外可参考下述的备用方案，费用可以减少。

（四）9号线的备用方案

由于长江海拔太低，长江水直接北调是非常困难的。如果利用9号线和汉江九级水库互相配合，长江水直接北调，就变得非常容易了。

从长江三峡水库挖掘一条隧道，直通丹江口水库，从长江直接引水，自流进入丹江口水库，为南水北调的中线和汉江下游供水。

隧道简称9号线，引长江洪水北调。

1. 隧道长度：250千米。

2. 隧道直径：15米。

3. 海拔：长江三峡水库正常蓄水位175米，枯水期蓄水位170米；丹江口水库正常蓄水位157—170米。两个水库的水位落差达到5米时，长江的水就自流进入丹江口水库。丹江口水库的水位达到151米，就能向中线供水。根据上述数据推断：即使枯水期，长江三峡水库的水通过9号线，也能自流进入丹江口水库，能够确保丹江口水库的水位达到151米以上，为中线调水提供足够的水量。

4. 调水量：每年6、7、8、9、10月的洪水期，从长江可调水量大约200亿立方米。

5. 先蓄汉江洪水，后调长江洪水。

a. 必须首先建造好汉江九级水库，将汉江的洪水蓄于其中，尽量不使汉江的洪水流入丹江口水库，其库容让位给调来的长江洪水。

汉江九级水库的水坝可以增加高度，增大蓄水量，大约到150—200亿立方米。

b. 待洪水期过后，打开汉江九级水库的闸门，汉江的洪水即可流入丹江口水库。

洪水期，丹江口水库的水位为151米以上；洪水期过后，水位按需上调，加快、加大对南水北调的中线和汉江下游的供水量。

c. 洪水期，汉江九级水库和长江三峡水库也可先后或同时向丹江口水库供水，丹江口水库的水位由汉江九级水库调控。

正常情况下，丹江口水库的水不会倒流入长江三峡水库。只有在长江三峡水库的水位低于165米时，丹江口水库的水才有可能倒流入长江三峡水库。这一特点，在未来的发展中，也可以利用。

（五）9号线的可供水量

每年4月，汉江九级水库加大对丹江口水库的供水量，使丹江口水库水位升高，加快、加大对中线的调水量，使中线沿途的水库得以充满。

每年5月，关闭汉江九级水库的闸门，停止向丹江口水库供水，同时打开丹江口水库的闸门，加大对汉江下游的流量，使汉江下游的水库得以充满，同时尽量降低丹江口水库的水位。

每年6月，长江三峡水库通过9号线向丹江口水库输水，此时两个水库的水位落差最大，丹江口水库的水位将快速上升到151米以上，恢复向中线和汉江下游的正常供水。

丹江口水库的最大库容量为290.5亿立方米，经过4、5、6月的水量合理调配，丹江口水库至少可获得100亿立方米的底水。

洪水期，轮流向丹江口水库输水：

a. 关闭汉江九级水库闸门，同时最大限度收缩汉江下游闸门，让长江三峡水库的水，自动流入丹江口水库，水位上升至151米以上时，打开汉江九级水库闸门，使丹江口水库水位上升至160米以上，加快、加大对中线按需放水。

b. 待中线水量得到满足后，关闭汉江九级水库闸门，同时打开汉江下游闸门，按需向汉江下游放水，丹江口水库水位降低，最大限度空出丹江口水库的库容。

c. 待汉江下游水量得到满足后，最大限度收缩闸门，长江三峡水库的水，自动加大流量，丹江口水库水位上升至151米以上。

d. 根据需要，可反复使用a、b、c的操作程序，使洪水得以充分利用。

e. 上述操作程序，使得丹江口水库的水位，一年四季，都能达到最高度，大大提升调水量。

上述操作程序，9号线不需设置闸门，任其水量自行调节。

上述操作程序，中线调水会短暂停止，但在收缩汉江下游闸门后，必将很快恢复。人工可控，按需调节。

上述操作程序，每使用一次，丹江口水库水量将增加100多亿立方米。是这样推算出来的：水库面积1 000多平方千米，汉江闸门以下海拔110米，水库死水位120米，120米至151米，水量全部由长江三峡水库自动流入丹江口水库。

如果不用上述操作程序，旱季长江三峡水库水位低于170米，9号线自动关闭。这是因为两个水库海拔落差太小，水流不动了。

如果不用上述操作程序，不论哪个季节，只要长江三峡水库的水位达到正常水位175米，9号线自动开启，丹江口水库的水位就可以达到151米以上，就可以正常向中线和汉江下游供水。

（六）9号线为长江三峡水库泄洪

1. 正常泄洪。当三峡水库的水位高于175米时，9号线自动开启，正常向丹江口水库泄洪。如果不需要泄洪，调节丹江口水库的汉江下游闸门即可。

每年洪水期，长江三峡水库必须泄洪。泄洪浪费水资源，不如流入丹江口水库，洪水可以得到充分利用。

2. 加大泄洪。如果需要，全部打开丹江口水库的汉江下游泄流孔，丹江口水库的水位降低，9号线就自动帮助长江水库，加大泄洪量。

（七）9号线在南水北调中的作用

1. 南水北调的中线水量得到保证，根据调水能力，需要多少调多少。

中线调水能力，原设计是年130亿立方米，如有必要，可以设法提高。

2. 长江有可能直接向黄河下游输水。

3. 汉江两岸用水限制解除。

4. 汉江下游的水量增大，汉江平原得以充分灌溉，不需花钱另辟水源。

5. 长江洪水北调，枯水期自动关闭，双方有利。

（八）9号线的造价

9号线隧道长250千米，每千米造价3亿元，合计造价750亿元，加上其他费用，总共合计造价800亿元。

（九）更宏大的设想

9号线叉出东西两端，西端连通丹江口水库，东端连通丹江口水库大坝的汉江下游，东西两端分别设置闸门，调控水的流向。

1. 关闭9号线的东闸门，同时打开9号线的西闸门，9号线向丹江口水库输水，保证丹江口水库的水位，使丹江口水库的作用得以正常发挥。

2. 关闭9号线的西闸门，同时打开9号线的东闸门，9号线直接向丹江口水库大坝的汉江下游输水，保证汉江下游永不缺水。

9号线东闸门出水口海拔110米，可设置水电站。费用另计。

3. 丹江口水库以上的汉江每年产水量大约为260亿立方米，全部流入中线，不需再为丹江口水库以下的汉江供水。

汉江上游的水量可控，汉江九级水库按需逐级放水。丹江口水库水位恒定在170米，中线调水量将增加1倍,每年调水量大约260亿立方米。

4. 大西线水网1号线和汉江九级水库连通后,南水北调的中线，将有取之不尽用之不竭的水源。

5. 9号线的两个设计方案，各有优点，可互相参考，一定能完成长江洪水北调的任务。

十六、大西线水网

1号线，每年从雅砻江、大渡河和嘉陵江调洪水100亿立方米，流入汉江，保证中线调水的水量。待8号线开通后，中线供水和渭河供水由8号线保证，1号线的水量经5号线调入洮河，汇入黄河。

2号线，每年从澜沧江调洪水300亿立方米，流入黄河，通过7号线西调，其中200亿立方米经甘新运河流入河西走廊西部和新疆东部，另外100亿立方米流入甘蒙运河。枯水期澜沧江水量不足时，由怒江的拥巴水库补充。

3号线，每年从金沙江调洪水150亿立方米，流入黄河，水量不足时，2号线补充，也可从雅砻江适当补入，保证150亿立方米的调水量。

4号线，初始由1号线向其供水，待8号线建成后由8号线向其供水，保证每年100亿立方米的调水量流入渭河，最后汇入黄河。可能出现的情况是：洪水期供水要求量小，枯水期要求量大。8号线由怒江上的拥巴水库和中林卡水库，保证4号线枯水期的调水量。

5号线，待8号线建成后，5号线由1号线供水，将雅砻江和大渡河的洪水调入洮河，最后汇入黄河。调水量每年大约100亿立方米。

6号线，洪水期将雅鲁藏布江的洪水，大约每年1 000亿立方米，调入岷江，根据需要，其中一部分调入8号线；枯水期将怒江上的中林卡水库和拥巴水库所蓄洪水调入8号线，流入汉江、渭河，保证中线调水，保证渭河、岷江、嘉陵江永无旱灾。6号线从雅鲁藏布江调水1 000亿立方米的洪水，流入长江支流岷江和8号线，补偿了其他调水线从长江支流的调水量，这样，长江就不会因此而造成缺水。

7号线，调入黄河的水大约每年300亿立方米，其中200亿立方米输入河西走廊西部和新疆东部，另外100亿立方米输入甘蒙运河。流入甘蒙运河的100亿立方米，最后汇入黄河。

8号线，洪水期从岷江和涪江每年调水100亿立方米流入汉江和渭河，枯水期6号线从怒江中林卡水库和拥巴水库调入200亿立方米的洪水，保证中线调水，保证渭河、汉江和嘉陵江永无旱灾。

“第一天池”，蓄黄河上游洪水每年150亿立方米，按需放水，主要济旱黄河。

综上所述，雅鲁藏布江调洪水1 000亿立方米，澜沧江调洪水300亿立方米，怒江调洪水300亿立方米，合计每年从出境河流中调洪水1 600亿立方米。

调入黄河水量是:1、5号线100亿立方米，2号线300亿立方米，3号线150亿立方米，8、4号线100亿立方米，合计每年调入黄河的水量大约650亿立方米。调入黄河后经7号线输入河西走廊西部和新疆东部200亿立方米，每年实际调入黄河的水量大约是450亿立方米，这么多的水为治理黄河提供了便利条件。

不必担心黄河泛滥。“第一天池”湖容410亿立方米，龙羊峡库容146亿立方米，李家峡库容16亿立方米，甘新运河和甘蒙运河再多的水也能接受。

中线，中线调水量首先保证，需要多少调多少。首先从8号线调入，万一故障，1号线随时可以跟上，还有“第一天池”备用。中线调水可以做到万无一失。

8、4号线每年调水100亿立方米流入渭河，主要在枯水期，如果不足，可以从“第一天池”通过1号线补足。渭河水多，三门峡水电站可以少蓄水或不蓄水，也可像往常一样发电，关中被三门峡蓄水淹没的千万亩耕地可以失而复得；渭河水多，流入黄河下游，引入山东，引入天津，东线调水可以暂停或专为山东南部使用；渭河水多，冲刷黄河下游河道，黄河两岸的滩涂可变成千万亩良田；渭河水多，严重缺水的山东、河北和河南都可从中得益；渭河水多，可以弥补中线调水能力的不足。

关于三门峡水电站，补充说明如下：

三门峡1958年截流工程结束，唇枪舌剑，争论了半个世纪，焦点就是要不要炸毁三门峡大坝，本质是陕西省和河南省的利益之争。

河南省得益于三门峡水电站，年发电量达到10亿度。三门峡市因建造三门峡水电站而兴市，现有人口200多万，如果三门峡大坝炸毁，三门峡市将有百万人失业，山东、河北的利益也跟着受损，巨额投资将付诸东流。

陕西省因三门峡建造大坝利益受损，渭河因三门峡水库蓄水河水上泛，退水后泥沙淤积，毁坏几百万亩良田，百万人利益受损。潼关段的渭河高出地面45米，渭河已成悬河，已危及渭河两岸的安全。陕西人说，河南得益是陕西人受损换来的。

大西线水网建成后，按需放水，渭河水多，陕西、河南两省同时得益，皆大欢喜。

十七、黄河可以变清吗?

黄河流经四大沙漠——腾格里沙漠、乌兰布和沙漠、库布奇沙漠、毛乌素沙漠。雨水冲刷，大风搬运，大量黄沙从不间断进入黄河，造成黄河水质差，水土流失，河道淤积，河床抬高，危及下游。

水土流失，可耕地就会减少。

河道淤积，是因为水少沙多。有关研究表明，当黄河每立方米的河水含沙量达到37千克时，泥沙沉淀淤积，抬高河床，而每立方米河水含沙量少于25千克时，则冲刷河道，河道加深。

河床抬高，实际上开封以下的黄河已成悬河，高出地面，一旦大水，河水决堤，将造成大灾大难。

站在黄河河堤上，开封尽在眼底，一览无余。河床抬高，50年前建造的郑州大桥，高出黄河河面14米，如今只有4米，将来黄河有可能淹没黄河大桥。

大西线水网，为黄河供水，黄河变清有可能。黄河变清需要四个条件：

第一，黄河水多。大西线水网，调入黄河的水量每年大约550亿立方米，原有黄河水量580亿立方米。

第二，黄河分流，就是绕过四大沙漠，黄河直接流入下游。大西线水网，调入渭河的水量每年不少于100亿立方米，而且调入水量主要在枯水期。渭河原有水量100多亿立方米。这样，渭河每年的水量不少于200亿立方米。渭河水多，黄河下游的水量增加，黄河将永不断流。90年代黄河下游断流的现象可以确保不再发生。

确保渭河水量，就是确保黄河下游的水量。确保渭河供水量:6、8、4号线是第一水源；1号线是第二水源;“第一天池”是第三水源。

第三，调控好黄河水量。

“第一天池”，库容410亿立方米；龙羊峡，库容146亿立方米；建造乌兰布和湖，库容不少于100亿立方米；内蒙湖，库容1 000亿立方米；用不完的水，经甘新运河西调，流入河西走廊和新疆东部。

调控好黄河水量，黄河将永无水灾，永无旱灾。

第四，逐渐卡断沙源，水不清不向下游放水。

1. 放水淹沙。大约每年100亿立方米的水经过甘蒙东运河和甘蒙运河，放入腾格里沙漠，流入乌兰布和沙漠，最后在磴口汇入黄河。

2. 建造乌兰布和湖。在甘蒙运河汇入黄河口建造磴口大坝，长5千米，高10米，闸住水流，形成湖泊，然后按需向黄河放水。形成的湖泊可称之为乌兰布和湖。

从卫星图上看，腾格里沙漠的沙源就是巴丹吉林沙漠，甘蒙运河流经的水流将卡断巴丹吉林沙漠向腾格里沙漠推进的道路。

磴口大坝造价大约20亿元。

乌兰布和湖形成后，种草植树，腾格里沙漠和乌兰布和沙漠将逐步变成绿洲。

3. 建造宁夏湖。在宁夏石嘴山的黄河上建造大坝，长1千米，高20米，拦水成湖，可称之为宁夏湖。宁夏湖多余的水从底部放出，边放水边冲沙，防止积沙成灾。

宁夏湖大坝造价5亿元。可建造水电站，造价另计。

大西线水网建成后，黄河有用不完的水，宁夏被黄河和甘蒙运河包围着，可建成北国江南。

4. 建造内蒙湖。在内蒙古清水河县的黄河上建造大坝，长2千米，高50米，拦水成湖，可称之为内蒙湖。

内蒙湖大坝造价大约20亿元。可建造水电站，造价另计。

大西线水网建成后，黄河有用不完的水，剩余水量缓慢放入内蒙湖，待澄清后，按需放入下游。

内蒙湖库容大，不少于1 000亿立方米，黄河剩余水量每年不少于200亿立方米放入内蒙湖，5年后，内蒙湖将是天下第一大湖。

内蒙湖水多，就能保证黄河中下游永不断流，永不缺水，永无旱灾。

内蒙湖水多，内蒙古、陕西和山西按需调用，将大大推进这一地区的发展。

内蒙湖水多，黄河两岸种草植树，防风固沙，黄河水沙尘减少。

内蒙湖水多，引水灌溉库布奇沙漠和毛乌素沙漠，沙漠将逐渐变成绿洲。

大西线水网建成，黄河水多，乌兰布和湖、宁夏湖和内蒙湖连成一片，四大沙漠逐渐消失，黄河水将逐步变清。

第五，不必担心黄河中游的水量。黄河中游段有十多条河流，水量少了由上游补给，多了也不会太多，有三门峡和小浪底水库接着，不会造成水灾。

不必担心黄河下游的水量。黄河下游的水量由渭河输入，渭河水量由8、4号线保证,一旦缺水,1号线马上跟上,还有“第一天池”,都可为渭河供水,可以做到万无一失。而且,每年保证100亿立方米,再多要，也可以，只要渭河力所能及。

不必过分担心内蒙湖淤积。黄河内蒙古段，长1 200千米，经过黄河千万年的冲刷，已成盆地，只要清水大坝牢牢闸住，水多便成湖泊。内蒙湖大，可容千万年河沙，黄河内蒙古段不可能成为悬河。当然，内蒙湖水多，提倡种草植树，沙尘入湖也会逐渐减少。内蒙湖水多，四大沙漠逐渐消失，内蒙湖更不会淤积。

十八、借巴基斯坦洪水济新疆之旱

每年夏季巴基斯坦都发生洪灾，夺走巴基斯坦人的宝贵生命和大量财产。发生洪灾，主要在巴基斯坦的印度河下游，如果将印度河上游的洪水调入新疆，印度河下游就会减轻洪灾，同时也能缓解新疆的旱情。

印度河发源于中国西藏的狮泉河，流经印度后，由北向南贯穿巴基斯坦全境，最后流入阿拉伯海，全长2 900千米，是巴基斯坦第一大河，也是世界上最长河流之一。印度河年径流量2 070亿立方米，洪水量占60%以上，调其洪水200亿立方米流入新疆，占印度河年径流量不到10%，对河流下游没有负面影响。

中国挖掘隧道技术和挖掘隧道机械已经达到世界顶级水平，用隧道调水可完成年200亿—400亿立方米的巴中调水任务。

（一）巴中调水线隧道距离

巴基斯坦吉尔吉特的印度河—150千米—中国G34和巴基斯N35交汇处中方一侧—120千米—新疆叶城县阿克孜X548交汇处—150千米—新疆莎车县依盖尔其水库。全程简称巴中调水线。四个作业点全部在交通便利之处，以便隧道作业。全长420千米，直线距离360千米。

【参阅图57】

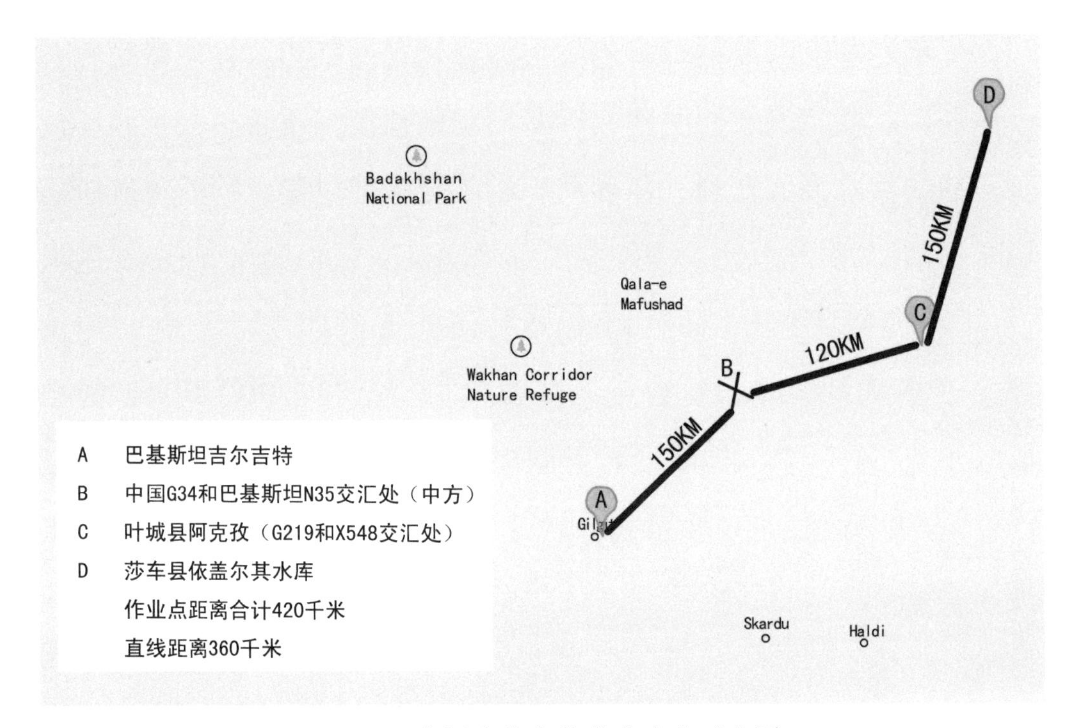

图57 **巴中调水线各作业点分布示意图**

（二）巴中调水线作业点地面海拔

1. 巴基斯坦吉尔吉特，海拔1 318米，位于北纬35度49分23.44秒，东经74度39分6.51秒。

2. 中国G34和巴基斯坦N35交汇处中方一侧，海拔4 800米，位于北纬35度50分28秒，东经76度39分58秒。

3. 叶城县阿克孜G219和X548交汇处，海拔2 740米，位于北纬37度4分30.94秒，东经76度53分9.4秒。

4. 莎车县依盖尔其水库和叶尔羌河交汇处，海拔1 218米，位于北纬38度19分35.3秒，东经77度20分51.47秒。

从巴基斯坦的吉尔吉特至新疆莎车县依盖尔其水库，海拔落差100米，直线距离360千米，水流程420千米，隧道平均每千米下降0.42米，隧道直径15米，根据专家推算，半年内可完成调水200亿立方米的任务。万一海拔落差不够，可在吉尔吉特入水口提高拦水坝的高度，或者在莎车县出水口沿着叶尔羌河进一步向下延伸，或者上述两种方法同时使用都可加大海拔落差提高水的流量。

【参阅图58、图59、图60】

（三）巴中调水线的可调水量

从吉尔吉特附近的印度河调水量万一不足，可将隧道延伸10千米至吉尔吉特河，海拔1 320米，位于北纬35度50分12.8秒，东经74度32分3.94秒，这样水量一定可达到200亿—400亿立方米。

【参阅图58】

（四）隧道埋深度

A、B两点间地面海拔1 318—5 500米，隧道最大埋深4 200米。B、C两点间地面海拔5 500—4 000米，隧道最大埋深度约3 550米。C、D两点间地面海拔4 000—1 218米，隧道最大埋深度约2 800米。

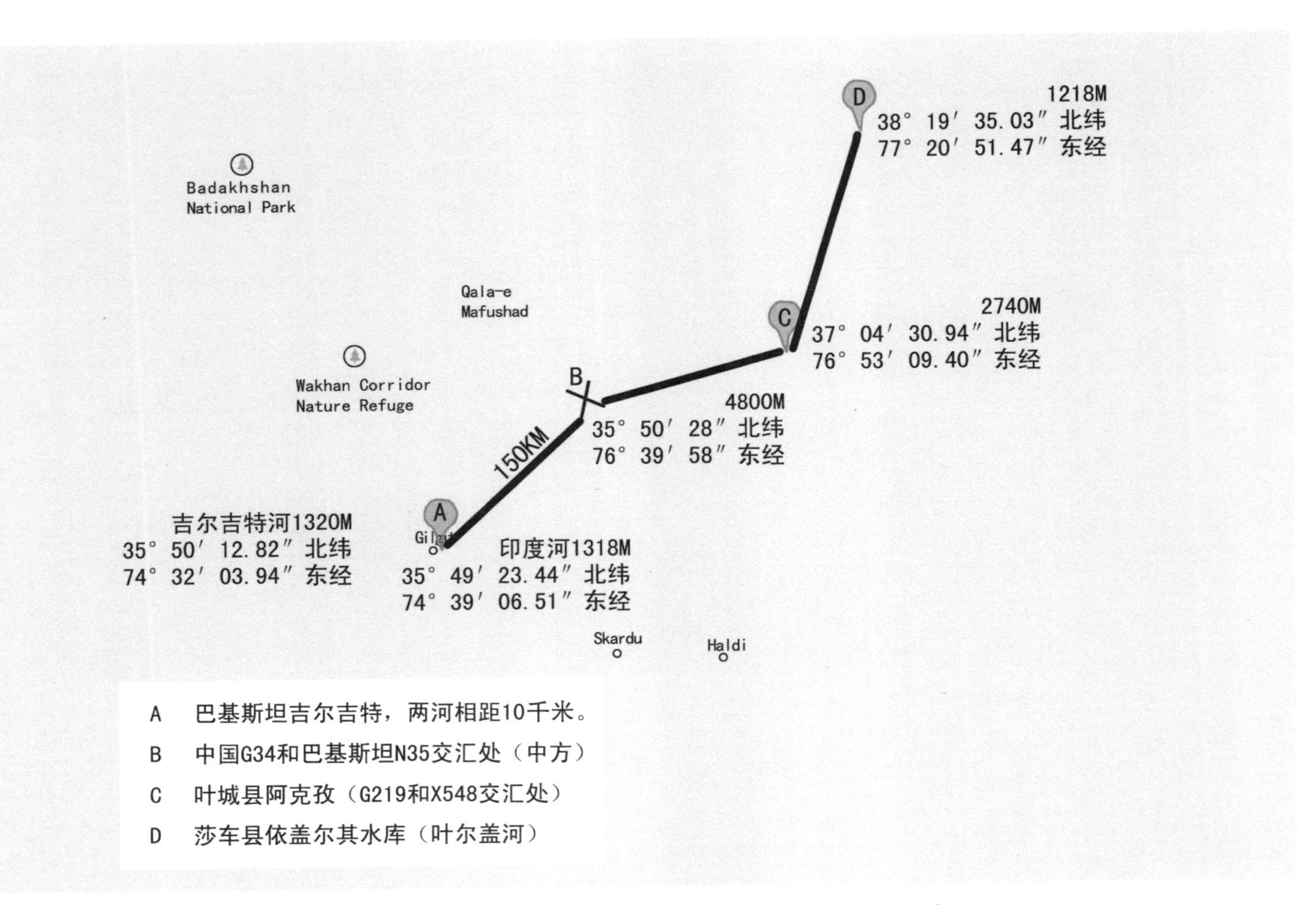

图58 巴中调水线各作业点地面海拔示意图

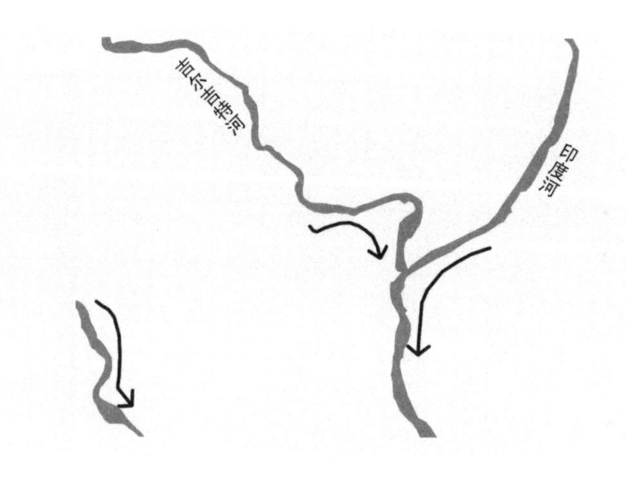

图59　**吉尔吉特河图示**

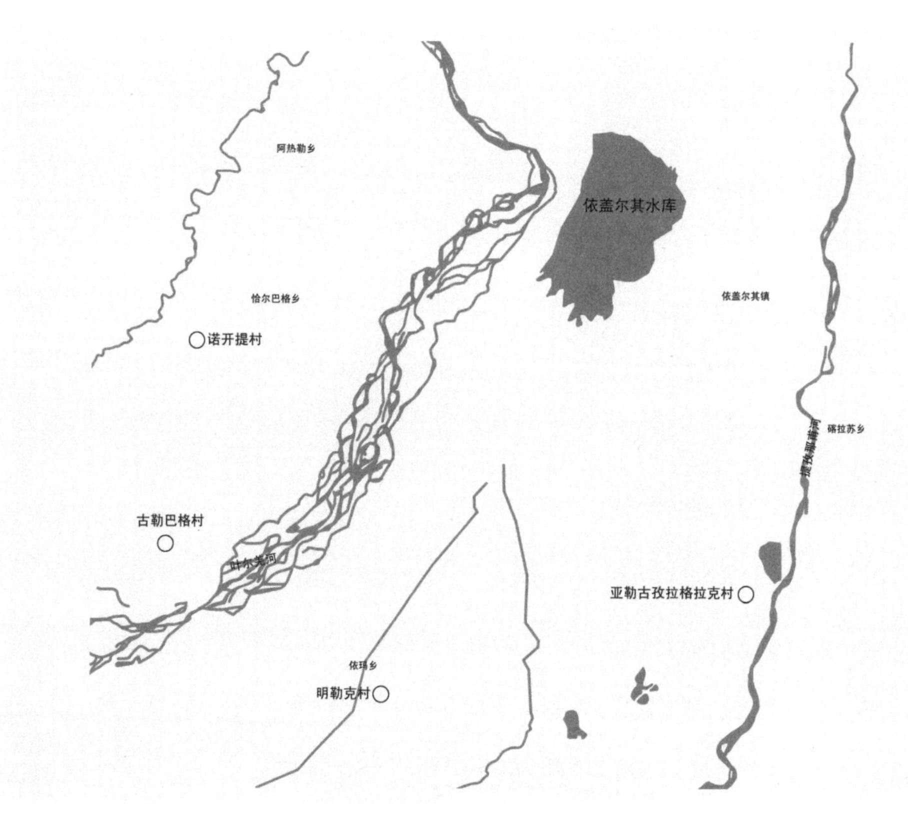

图60　**依盖尔其水库图示**

正在建设中的引汉济渭隧道最大埋深度2 000米，巴基斯坦至中国的调水隧道最大埋深度是否可行，需要专家论证。

（五）施工环境

1. 可能有敌对势力的反对和破坏，但中巴全天候的良好关系和双方巨大利益，能够战胜任何挑战。

2. 严寒，零下50度能施工吗？但每年至少有半年的时间是可以施工的。

3. 缺氧,可否在低海拔富氧地区向隧道内送气？或者隧道内制氧？

4. 隧道埋深度3 550千米，是否可行？

5. 查不出隧道全程有地震历史记录，目前我们已建的隧道抗震能力为6级。

6. 其他地质条件不清楚，要广听各方意见。

（六）建造库斯拉甫水库

巴中调水年流量200亿立方米，主要在夏季洪水期，流入叶尔羌河，两水合流，将造成洪灾。叶尔羌河年流量74亿立方米，在其中游建造库斯拉甫水库，蓄夏季洪水，避开两水合流，待旱季向叶尔羌河放水，流入塔里木河，使叶尔羌河和塔里木河永不断流。

建造库斯拉甫水库，调控水量，是非常必要的。

1. 水库位置，位于阿克陶县库斯拉甫乡的河谷地带，海拔1 800—3 000米。

2. 水库大坝，长1 000米，高200米。可建造水电站，费用另计。

3. 水库长30千米，平均宽约2千米，平均深度约60米。

4. 造价约50亿元，包括移民费用。

5. 移民。建造水库，库斯拉甫乡将被淹没，全乡人口不到4 000人，可移民至叶儿羌河下游，那里因水量常年丰足，将产生大量可耕地，给移民创造了有利条件。

【参阅图61、图62】

（七）水量调控

叶儿羌河年径流量70多亿立方米，仅在夏季流入塔里木河1.7亿立方米，其他季节断流或几近断流。巴中线调水200亿立方米，夏季流入叶儿羌河和塔里木河，夏季叶儿羌河的水约60亿立方米蓄于库斯拉甫水库，待需要时向叶儿羌河和塔里木河输水，使叶儿羌河和塔里木河形成一条河流，永不断流。

塔里木河向孔雀河供水。民国时期曾经这样做过，因塔里木河水量不足，引起下游河道和台特玛湖干涸，新中国成立后不得不予以纠正，恢复原有自然河道。巴中调水线成功后，水量大增，塔里

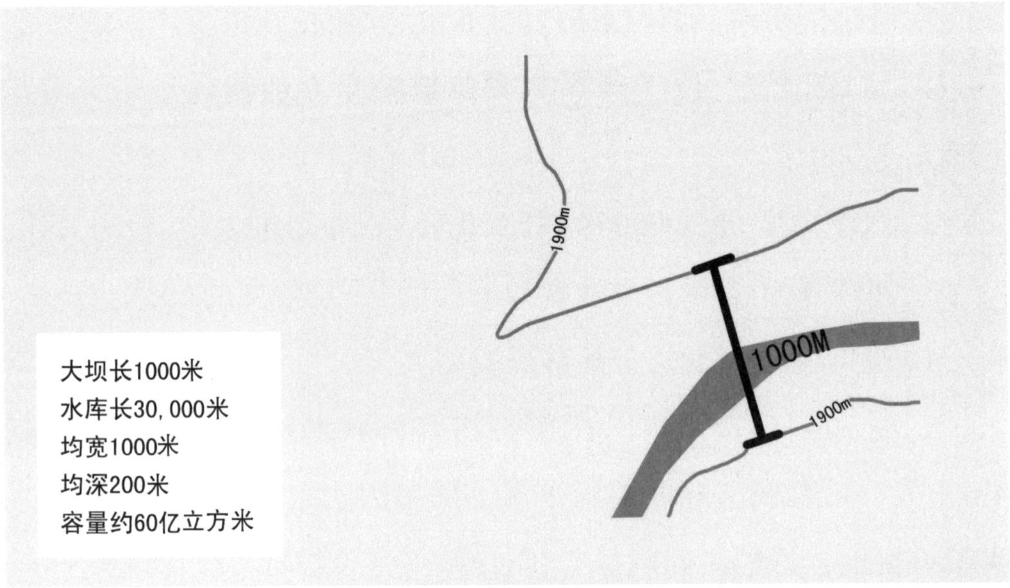

1900m
1000M
1900m
大坝长1000米
水库长30,000米
均宽1000米
均深200米
容量约60亿立方米

图61　**库斯拉甫水库地形图（1）**

叶尔羌
宗塔什村
库斯拉甫
库斯拉甫乡
英阿瓦提村
叶尔羌
叶尔羌
托格拉克勒克
宗塔什

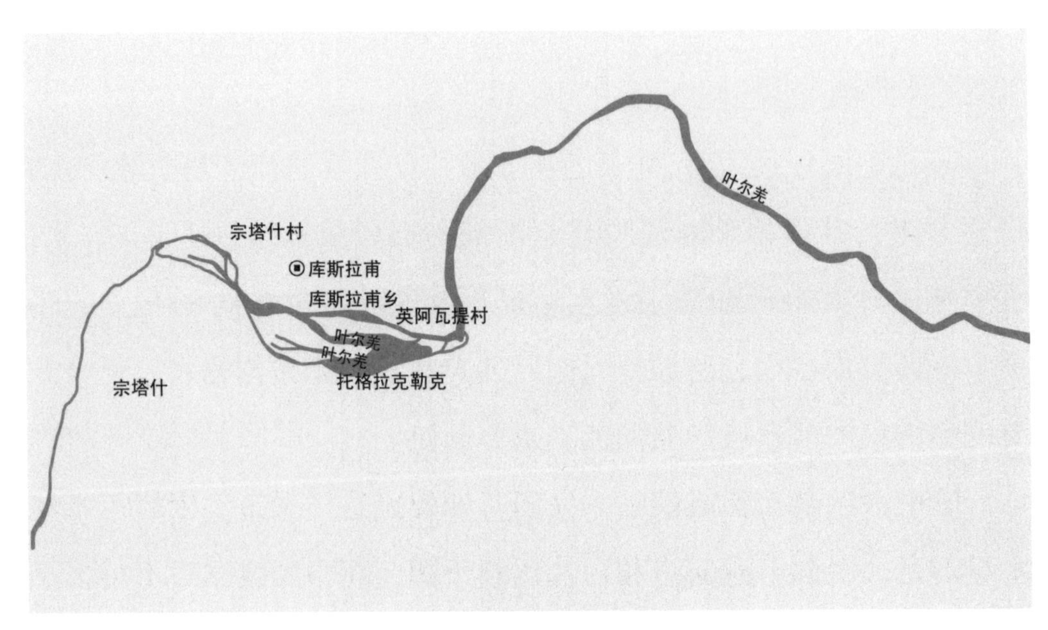

图62　**库斯拉甫水库地形图（2）**

木河向孔雀河供水一定能成功。改过来再改过去,工程量不会很大。塔里木河向孔雀河供水后，原先向孔雀河供水的开都河，可适当减少供水量，增加博斯腾湖的供水量，改善博斯腾湖的生态环境。

【参阅图63、图64、图65】

或许能恢复楼兰古国的自然环境。巴中调水线成功后，叶儿羌河和塔里木河形成一条河流，流入台特玛湖，水多溢出，沿着原有的远古河道流入罗布泊。加上孔雀河也流入罗布泊。每年几十亿立方米的水流入罗布泊，几十年后，或许能恢复楼兰古国的

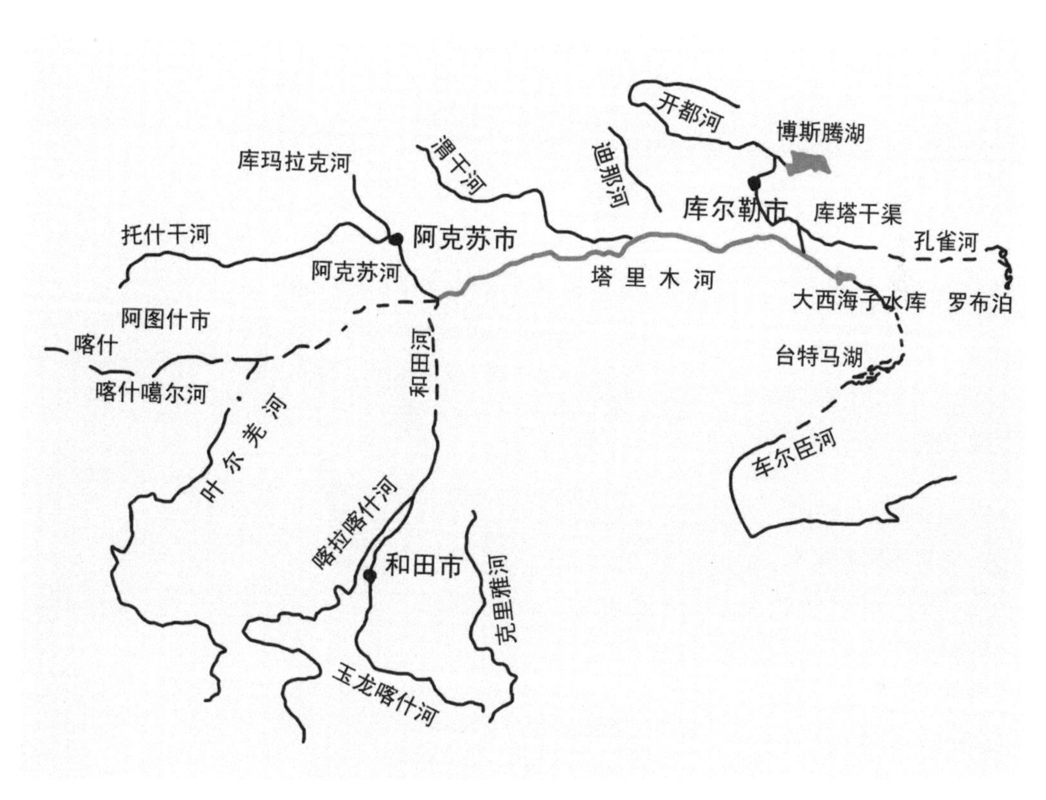

图63　**塔里木河图示**

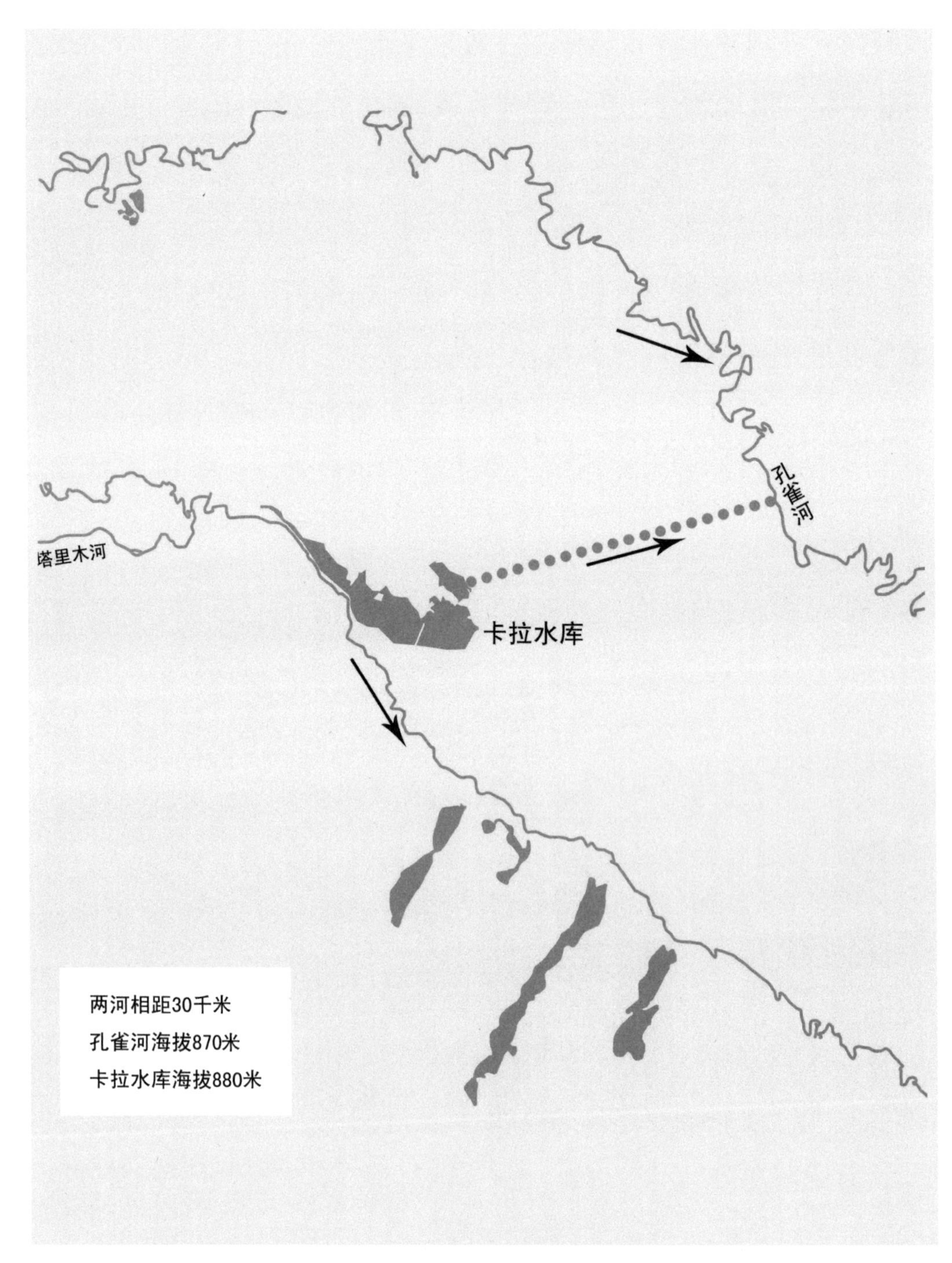

图64 塔里木河与孔雀河关联图

图65　**台特玛湖图示**

自然环境。

甘蒙运河每年向东疆输水100亿立方米，对恢复楼兰古国也有积极作用。

（八）巴中调水线的造价

巴中调水线，隧道长420千米，每千米造价3.5亿元，合计1 470亿元；库斯拉甫水库造价50亿元，包括移民的费用；其他费用80亿元。上述三项合计1 600亿元。

（九）前景展望

新疆拥有土地面积160多万平方千米，可耕地面积很少，其原因就是缺水。塔里木河断流，叶尔羌河断流，孔雀河断流，新疆河流几乎全是断流河流，只有夏季才有水。如果有了水，就什么事都好办了。

【参阅图66】

调巴基斯坦200亿立方米的洪水，或许巴方会同意400亿立方米。双方互利共赢，就可能成功。

全世界的棉花年贸易量是1 000万担，新疆曾年产600万担，因缺水不得不减少种植面积。如果有了水，全世界的棉花都由新疆生产，全国其他省市都不要再种棉花，腾出地造房子，或种植其他作物。如果有了水，哈密、吐鲁番新增5 000万亩可耕地，生产出的水果可供应全中国，也可供应全欧洲。中欧高铁为这些丰富的物产提供了有利的运输条件。如果有了水，将增加大量耕地和牧场，牛羊肉会多得吃不完。如果有了水，新疆无数矿产将得以开发和利用，为老百姓创造千万个工作岗位，为国家创造大量财富。如果有了水，水蒸发了变成雨雪，落入四周高山，流入塔里木盆地，往返循环，气候将大变，环境将改善。到那时，新疆富可敌国，GDP可超过任一欧洲国家。

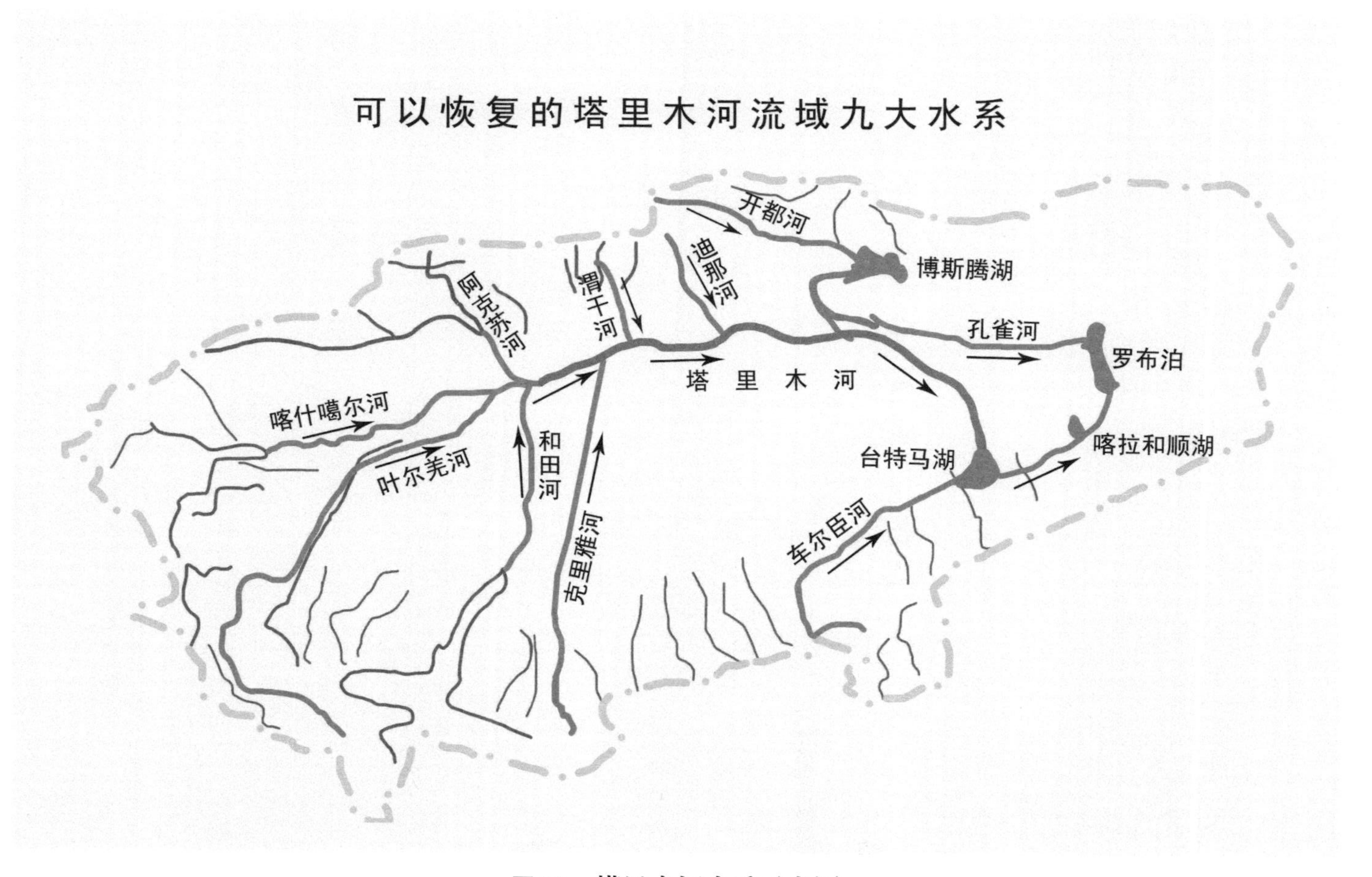

图66　塔里木河水系示意图

十九、大西线水网造价

（1）1号线隧道

隧道长510千米，造价1 530亿元。

五个中小型水库，造价20亿元。

其他费用30亿元。

合计费用1 580亿元。

（2）汉江九级水库

合计费用80亿元。

（3）2号线隧道

隧道长650千米，造价1 950亿元。

其他费用50亿元。

合计费用2 000亿元。

水库造价另计。

（4）3号线隧道

隧道长520千米，造价1 560亿元。

金沙江水库，造价100亿元。

其他费用40亿元。

合计费用1 700亿元。

（5）“第一天池”

多松大坝，造价50亿元。

若尔盖隧道，造价45亿元。

唐克乡5 000人移民费用10亿元。

若尔盖草原淹没费用50亿元。

其他费用10亿元。

合计费用160亿元。

（6）4号线隧道

隧道长150千米，造价450亿元。

略阳水坝，造价5亿元。

其他费用45亿元。

合计费用500亿元。

（7）5号线隧道

隧道长130千米，造价390亿元。

旺藏水坝，造价10亿元。

其他费用20亿元。

合计费用420亿元。

（8）6号线隧道

隧道长620千米，造价1 860亿元。

其他费用140亿元。

合计费用2 000亿元。

水库造价另计。

（9）大西线水库

大西线第一水库——帕隆藏布江水库，水坝高20米，造价10亿元。

大西线第二水库——怒江拥巴水库，水坝高220米，造价100亿元。

大西线第三水库——怒江中林卡水库，水坝高250米，造价150亿元。

大西线第四水库——澜沧江如美水库，水坝高20米，造价10亿元。

大西线的四个关键水库合计造价270亿元。建造水电站费用另计。

（10）7号线隧道

隧道长200千米，造价600亿元。

其他费用10亿元。

合计费用610亿元。

（11）甘新运河

甘新运河长1 000千米，挖掘费用1 600亿元。

（12）8号线隧道

隧道长600千米，造价1 800亿元。

其他费用200亿元。

合计费用2 000亿元。

（13）9号线隧道

隧道长250千米，造价750亿元。

其他费用50亿元。

合计费用800亿元。

（14）黄河大坝

磴口大坝，造价20亿元。

宁夏水坝，造价10亿元。

清水河大坝，造价20亿元。

其他费用30亿元。

合计费用80亿元。

（15）巴中调水线隧道

隧道长420千米，造价1 470亿元。

库斯拉甫水库，造价50亿元。

其他费用80亿元。

合计费用1 600亿元。

费用总计

建造大西线水网合计费用13 720亿元。